国家自然科学基金区域创新发展联合基金重点项目(U22A20165)资助
国家自然科学基金面上项目(52174089)资助
江苏高校"青蓝工程"资助
深部煤矿采动响应与灾害防控国家重点实验室开放基金重点课题(SKLMRDPC21KF01)资助
中央高校基本科研业务费专项资金(2020ZDPY0221)资助
江苏高校优势学科建设工程项目(PAPD)资助

深部近距离煤层群沿空留巷
围岩稳定控制理论与实践

严红　李桂臣　闫万俊　勾金文　李生亚　时勇　著

中国矿业大学出版社

·徐州·

内 容 提 要

本书是系统论述深部近距离煤层群沿空留巷围岩应力演化规律、变形机理、围岩控制理论与技术的学术著作。主要内容包括：绪论，深部近距离煤层群沿空留巷围岩破坏特征，典型条件沿空留巷井采覆岩运移演化规律，切顶锚注一体化沿空留巷围岩控制方法，沿空留巷围岩稳定控制关键参数优化和典型工程实践案例。

本书可供从事采矿工程领域的科研、工程技术人员参考，亦可作为普通高等学校采矿工程及相关专业研究生、本科生的参考书。

图书在版编目(C I P)数据

深部近距离煤层群沿空留巷围岩稳定控制理论与实践 /
严红等著.—徐州：中国矿业大学出版社，2023.5
ISBN 978-7-5646-5729-1

Ⅰ.①深…　Ⅱ.①严…　Ⅲ.①煤层群－巷道支护－围
岩稳定－稳定控制－研究　Ⅳ.①TD325

中国国家版本馆 CIP 数据核字(2023)第 033205 号

书　　名	深部近距离煤层群沿空留巷围岩稳定控制理论与实践
	SHENBU JINJULI MEICENGQUN YANKONGLIUHANG WEIYAN WENDING KONGZHI LILUN YU SHIJIAN
著　　者	严　红　李桂臣　闫万俊　勾金文　李生亚　时　勇
责任编辑	马晓彦
出版发行	中国矿业大学出版社有限责任公司
	（江苏省徐州市解放南路　邮编 221008）
营销热线	(0516)83884103　83885105
出版服务	(0516)83995789　83884920
网　　址	http://www.cumtp.com　E-mail：cumtpvip@cumtp.com
印　　刷	苏州市古得堡数码印刷有限公司
开　　本	787 mm×1092 mm　1/16　印张 12　字数 228 千字
版次印次	2023 年 5 月第 1 版　2023 年 5 月第 1 次印刷
定　　价	52.00 元

（图书出现印装质量问题，本社负责调换）

前　言

　　沿空留巷通过取消区段煤柱,实现无煤柱连续开采,在我国各矿区应用广泛。但是,深部近距离煤层群沿空留巷围岩稳定性控制难度大,留巷成功率低、大变形破坏、多次返修现象仍然普遍存在。研究深部近距离煤层群沿空留巷控制技术,有利于解放深部区段煤柱资源,解决深部沿空留巷留巷率低、留巷围岩返修问题;同时,也能大幅度改善作业环境,保障井下作业人员的安全,具有重要的研究意义和实践应用价值。

　　本书围绕深部近距离煤层群沿空留巷围岩稳定控制理论与实践开展了较深入的研究,内容共分为6章:第1章主要阐述了深部近距离煤层群沿空留巷围岩稳定性控制相关的研究背景和意义;第2章调研并模拟了典型条件下沿空留巷围岩变形和应力分布特征;第3章借助相似材料模拟方法研究了深部近距离煤层群沿空留巷条件下开采覆岩位移和应力演化规律;第4章理论分析得到了切顶锚注一体化沿空留巷围岩稳定控制机理;第5章优化了深部近距离煤层群沿空留巷围岩稳定控制的关键参数;第6章介绍了典型工程实践案例。

　　在本书编写过程中,中国矿业大学姚强岭教授、张源副教授、陈勇副研究员、张强副教授、冯晓巍副教授、孙元田副教授等给予了指导和帮助,李菁华、许志军、陈俊智、何康、杨舜超、贺相乾等参与部分章节的写作工作,在此谨向他们致以衷心的感谢!

　　本书中工程实践部分内容的写作得到了现场有关领导及工程技

术人员的大力支持和热情帮助,在此向他们表示诚挚谢意! 本书还引用了国内外大量的文献资料,对这些专家和学者深表感谢!

本书出版得到了国家自然科学基金区域创新发展联合基金重点项目(U22A20165)、国家自然科学基金面上项目(52174089)、江苏高校"青蓝工程"、深部煤矿采动响应与灾害防控国家重点实验室开放基金重点课题(SKLMRDPC21KF01)、中央高校基本科研业务费专项资金项目(2020ZDPY0221)和江苏高校优势学科建设工程项目(PAPD)联合资助。

受作者水平所限,书中难免存在疏漏、缺陷和错误之处,恳请专家和读者批评指正。

著 者

2023 年 2 月

目　　录

第1章　绪　　论

1.1　研究背景与意义

1.1.1　研究背景

　　煤炭是保障中国经济快速发展的重要能源之一,长久以来其在能源消费结构中一直占据主体地位,以 2021 年为例,我国煤炭消费量占一次能源消费总量的 56%。与煤矿目前主要采用的留区段煤柱开采方式相比,沿空留巷通过取消区段煤柱(见图 1-1),实现无煤柱连续开采,有利于提高回采率,减少巷道掘进工作量,进而缓解采掘接替紧张的局面。沿空留巷是沿采空区边缘将本工作面回采巷道保留下来用于下区段回采的巷道布置方式和围岩控制技术,是无煤柱护巷类型之一。

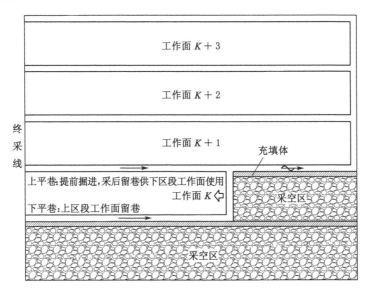

图 1-1　随工作面开采沿空留巷布置示意图

然而,沿空留巷需经历多次采动影响,而强烈采动支承应力易导致巷道围岩变形剧烈,尤其是矿井开采深度增大和近距离煤层群开采布置条件下,矿井开采区域应力水平不断提高、应力集中程度不断增强,传统沿空留巷围岩控制方式面临极大挑战。相应地,高原岩应力和多次采动支承应力叠加易导致沿空留巷围岩变形量急剧增大,维护异常困难,而对破坏巷道进行加固整修不仅工作量大且影响生产或采掘衔接。另外,当采动应力远大于充填墙体强度时,巷旁充填体易在上覆岩层沉降压力作用下变形破坏,大幅度降低支撑能力,导致采空区出现漏风,对于煤与瓦斯突出、高瓦斯矿井,会给沿空留巷通风管理带来很大困难,甚至极易引发采空区自然发火、瓦斯爆炸等事故。因此,开展深部近距离煤层群沿空留巷围岩稳定性控制技术的研究必要且迫切。

山西汾西中兴煤业有限责任公司(以下简称中兴煤业)隶属山西焦煤汾西矿业(集团)有限责任公司,井田内山西组可采煤层为02#、2#、4#、5#,太原组可采煤层为6#、8#、9#。本书主要针对02#和2#煤层组成的近距离煤层群进行分析,以3203材料巷为例,主采2#煤层,平均厚度为2.1 m;30203工作面开采02#煤层,煤厚在0.65~1.50 m之间,平均厚度为1.28 m,且2#煤层与02#煤层间距为6.5~12.0 m。

工作面回采过程中,沿空留巷围岩异常矿压显现主要表现为:

(1) 在上区段3201工作面回采过程中留巷不同区域均呈现全断面变形,变形后巷道最小高度仅为0.9 m,较初始巷道高度变形量达2.1 m,如图1-2所示,顶板最大下沉量达1.5 m,且底鼓严重。

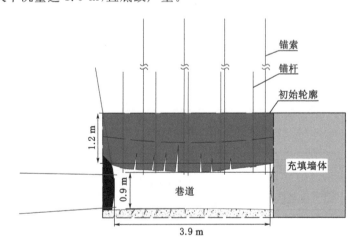

图1-2 3203沿空巷道围岩典型区域变形破坏

（2）顶板锚杆(索)多处出现拉断或松动现象,部分钢带撕裂,说明 3201 工作面回采过程中巷道承受较高的采动应力。

（3）3201 工作面回采过程中沿空留巷采用提高锚索支护密度、增设 U 型棚梁、起底等措施,巷道仍难保持稳定,呈阶段性大变形,局部区域巷道累计起底 3～4 次。

（4）3203 工作面回采时,巷道部分区域顶板破碎严重,部分 U 型棚损坏,在高应力条件下巷道仍呈持续性全断面变形发展。

中兴煤业除了三采区的 3203 材料巷外,在三、四采区还存在若干类似条件的沿空留巷待掘进和维护,且开采深度更大,在开采过程中应力环境将更恶劣。对于具有极高采动支承应力的深部沿空留巷而言,仅通过不断增大支护强度、支护密度或增强支护材料拉剪性能等措施是不够的,应针对中兴煤业深部近距离煤层群复杂条件下沿空留巷围岩特征,将定向水力压裂切顶、中空注浆锚索与深部近距离煤层群开采过程沿空留巷顶板覆岩应力演化特征等有机结合起来。其中,水力压裂切顶主要对开采过程中上覆顶板岩层进行切顶卸压,改变和优化沿空留巷高应力承载环境;注浆锚索采用中空结构,中空管兼作注浆管,索体由钢丝、注浆芯组成,可实现树脂锚固、锚索预紧和中空管注浆一体化,较传统矿用锚索和锚杆,具有强度高、塑性好、松弛值低、伸直性好、锚固力强等优点。待定向水力压裂切顶完成后,结合中空注浆锚索对局部松散高应力区域进行稳定性控制,可改善沿空留巷围岩应力环境,增强巷道围岩稳定性,进而消除沿空留巷多次返修的被动局面。

1.1.2　研究意义

本书在总结前人研究工作的基础上,以深部近距离煤层群下层沿空留巷为对象,综合运用现场调研、相似材料模拟、力学计算、数值模拟、理论分析及现场试验等方法,主要对深部近距离煤层群沿空留巷围岩位移和应力演化特征、切顶锚注一体化沿空留巷围岩稳定控制机理、深部近距离煤层群沿空留巷围岩稳定控制的关键参数等内容开展研究,并在现场进行实践验证,取得了良好的经济和社会效益。研究成果有效解决了深部近距离煤层群沿空留巷稳定性防控关键技术问题,实现了深部近距离煤层群复杂条件下的沿空留巷,改善了作业环境,减轻了作业人员劳动强度,解放了深部大量区段煤柱资源,避免了深部沿空留巷反复返修的被动局面发生,对深部近距离煤层群沿空留巷稳定控制具有重要参考价值,且具有一定的推广应用前景。

1.2　国内外研究现状

1.2.1　近距离煤层群开采过程覆岩层位移和应力演化特征

1.2.1.1　上保护层开采过程底板煤岩层裂隙和应力演化特征

随着上保护层开采,底板煤岩层受到采动影响作用,导致覆岩层裂隙孕育和扩展。保护层开采应用于深部近距离煤层群开采特征条件时,保护层与被保护层工作面开采过程中覆岩层发生变形以及裂隙产生和扩展,使煤岩体应力转移和释放,因此开采薄煤层作为保护层为被保护层卸压提供了条件。

国内外学者对上保护层开采过程中底板煤岩体的移动、应力演化、裂隙发育等开展了相关研究。Cook,Hoek 等主要通过断裂力学研究了受压岩体裂隙的扩展分布特征。Whittles,Deb 等采用现场实测、实验室试验等手段研究保护层开采后围岩裂隙发育规律以及与瓦斯卸压间的相互关系。宋卫华等研究了上保护层开采过程中被保护层裂隙演化、层厚变化和水平变形特征。张勇等结合弹塑性力学等分析得到采动过程中底板煤岩体原生裂纹依次经历了弯折扩展、反向滑移、张开变形、重新压实 4 个阶段的变化。姚邦华等通过建立双煤层的重复采动数值模型,研究了裂隙发育和再发育规律以及覆岩破断特征。石必明等通过利用 RFPA 应用系统和有限元软件研究了上保护层开采过程对底板和被保护层的影响,结果表明开采上保护层过程中被保护层的主应力大幅度降低。张拥军等采用 RFPA-Gas 数值软件模拟得出了上保护层开采过程中上覆岩层的垮落带、弯曲下沉带和裂隙带以及底板变形的弹塑性变形带和变形破坏带。李树刚等研究得出了上保护层开采后被保护层垂直应力和位移沿水平方向呈倒马鞍形的分布特征。程志恒等研究了近距离煤层群叠加开采过程中覆岩裂隙动态演化以及底板采动应力分布特征,得出一次采动的来压步距大于二次采动,裂隙发育更加充分。

1.2.1.2　下保护层开采过程被保护层覆岩应力与裂隙演化特征

下保护层开采过程引起覆岩应力和裂隙的持续变化,而这与被保护层的安全开采密切相关,国内外学者针对下保护层开采岩层移动特征和裂隙演化特征开展了相关研究。

许家林等通过对覆岩采动裂隙动态发育特征的研究,提出根据覆岩主关键层位置来确定下保护层的最大卸压高度。涂敏等主要结合保护层开采过程中覆岩的微变形移动特性,分析得出保护层的合理开采可大幅度降低或消除被保护层煤与瓦斯突出的危险性。杨贺等通过对赵庄煤矿远距离下保护层开采数值模拟研究,得出被保护层在倾向呈现工作面中部应力较低、煤体两端应力集中的分布特征。田富超分析了下保护层开采过程中覆岩的位移传导特征,并得出被保护层煤层变形率呈近似"S"形波动。贾飞等以平煤十矿为工程背景,模拟分析得出下保护层开采后上覆远距离煤层的卸压效果显著,被保护煤层最大主应力下降了 20%。高保彬等主要通过相似材料模拟方法分析得出下保护层开采过程中,上覆煤层中产生大量顺层张裂隙,且煤岩透气性系数显著增大。焦振华等通过钻孔电视观测覆岩裂隙分布特征及被保护层煤体结构变化,通过模拟得出覆岩成梯形下沉,但裂隙未贯通上覆煤层。杨东通过数值模拟和现场实测,得出保护层开采后覆岩应力主要呈现分区式分布特征。周泽等为提高下保护层开采的适用性,将矸石充填法应用于下保护层开采;分析了充填开采采场覆岩的弯曲下沉变形,得到了矸石充填开采采场顶板的下沉变形规律;以被保护煤层底板岩层稳定性为基础,建立了下保护层矸石充填开采的可行性理论判据。刘三钧等结合相似材料模拟研究得出随着下保护层的开采,覆岩采动裂隙在水平方向上呈波浪形周期性地向前运动。程详等模拟研究得出在下保护层开采过程中,被保护煤层产生大量的次生裂隙,出现不同程度的卸压,并伴随产生水平位移。魏磊、刘保安采用理论分析对下保护层开采覆岩采动演化规律和覆岩离层发育的研究成果,为高抽巷和顶板走向抽采钻孔的合理布置提供了理论依据。

综上所述,已有成果极大地丰富了采动应力场的研究,但是针对深井高应力近距离煤层群沿空留巷条件下应力演化特征,尤其是邻近工作面和上保护层工作面开采形成的复杂的叠加应力场等研究还不够深入。

1.2.2 沿空留巷围岩稳定性与控制技术

长期以来,矿业工作者围绕沿空留巷围岩稳定性和控制技术开展了大量研究,并促进了沿空留巷在不同复杂生产地质条件煤矿的推广应用。

曹树刚等分析了薄煤层沿空留巷区段下行式和上行式开采围岩特征差异,得出区段上行式较下行式开采而言,在矮帮附近的垂直应力、剪应力、巷道顶底板变形量均较小,更有利于保障巷道围岩的稳定性。

黄艳利、张吉雄等结合花园煤矿典型充填采煤沿空留巷难题,研发出综合机械化固体充填采煤巷旁充填原位沿空留巷技术,主要包括充填、采煤和留巷的时空配合,提高采空区充填体的密实度以及设计组合加固方案,现场试验表明,巷道围岩变形量小,整体控制效果良好。

邓雪杰等结合唐口煤矿典型沿空留巷工程条件,研究了工作面的充实率、巷旁充填体宽度和充填体的强度因素变化对沿空留巷围岩作用特征,得出沿空留巷围岩塑性区发育范围随着充实率增加而明显减小,留巷煤帮侧最大偏应力随着充填体宽度增加而减小,直接顶下沉量随着充填体强度增高而小幅度下降。

康红普等结合谢一矿典型深部沿空留巷剧烈变形特征,提出采用高预应力强力锚杆与锚索支护、单体支柱加强支护配合膏体充填巷旁支护技术,有效控制了沿空留巷围岩变形,保障留巷围岩的稳定性。

黄炳香针对同忻矿典型特厚煤层坚硬顶板沿空留巷围岩大变形特征,提出采用定向水压致裂进行切顶卸压的技术,现场监测结果显示沿空留巷围岩大变形得到有效控制。

冯国瑞等结合某矿 3307 厚煤层综放工作面沿空留巷工程条件,研究了回采过程沿空巷道巷旁充填体垂直和水平变形特征。垂直变形特征为沿空侧变形小,采空区侧变形大;而水平变形特征为上部变形严重,下部变形缓和。

唐芙蓉等结合常兴煤矿典型厚层软弱顶板沿空留巷生产地质条件,提出"断顶卸压＋巷旁垮落充填"沿空留巷围岩控制方法,该方法通过将基本顶和采空区侧上覆岩层相互断开,并利用垮落的破碎岩体充填采空区,形成矸石墙一次成巷,现场试验结果显示出良好的效果。

郑西贵等提出了原位煤柱沿空留巷围岩控制技术,主要是在回采过程中预留原位煤柱作为巷旁"充填带"留巷方式,形成原位煤柱、锚固支护和辅助支护协同的留巷方式,并在现场进行了成功试验。

综上所述,国内外学者在沿空留巷围岩稳定性控制方面开展了大量研究工作,但由于生产和地质赋存条件的复杂性,对深井近距离煤层群开采条件下沿空留巷充填墙体以及围岩稳定性控制等方面仍需开展相关研究。

1.2.3 注浆锚索支护技术发展

锚注支护技术已应用于隧道、岩土、采矿工程等诸多领域。矿业科技人员前期在围绕锚注技术控制破碎、软岩、采动等复杂困难巷道围岩稳定性方面已开展了大量研究。

姚强岭等针对高应力松软煤巷大变形特征,提出采用高强度中空注浆锚索与高性能锚杆组合控制技术,得出中空注浆锚索可有效控制围岩裂隙发育,提高顶板岩体强度和承载能力;另外,该组合控制技术可降低巷道围岩变形量,并有效减少工作面超前支护区域单体液压支柱的数量。

李立华得出采用注浆锚索支护注浆后,可将浅部围岩破碎区胶结在一起形成完整胶结体,其力学性能得到一定的增强,整体抗破坏能力也得到一定的提升,在注浆锚索与深部围岩注浆加固有效结合下控制深部围岩的同时也实现浅部锚杆与注浆组合结构体稳定性控制。

刘文涛等结合高河煤矿典型综放沿空留巷生产地质条件,提出采用中空注浆锚索进行控制,现场试验得出:与传统端锚支护相比,采用中空注浆锚索后的采动巷道围岩变形量明显减小,且可有效控制顶板离层量。

李桂臣等研究了中空注浆锚索注浆前后剪应力的分布规律,得出中空注浆锚索实现全长注浆后,剪应力呈现双锥体分布特征,而在二维平面上剪应力是沿锚索轴向分布的双峰曲线;另外,锚固剂与孔壁间的剪应力分布范围较注浆前扩大1倍,这大幅度提高了锚固效果。

刘帅等针对刘桥一矿典型深部软岩下山巷道群非对称变形破坏特征,提出中空组合锚杆(索)分区注浆全断面控制、控底措施以及对应力集中和变形的始发部位加密支护,试验监测结果显示巷道围岩完整程度明显提高。

袁超等分析了平煤六矿典型软弱破碎巷道塑性区分布形态特征,提出以中空注浆锚索为核心的"锚网喷+全断面中空注浆锚索"分步联合控制技术,得出该联合控制技术应用后巷道围岩塑性区面积减小25%,明显改善了巷道围岩的稳定性。

李建建针对天池煤矿103瓦斯尾巷二次复用松散破碎且大变形工程问题,提出集注浆锚索和注浆锚杆的全断面补强锚注技术,现场试验结果显示巷道围岩变形量和变形速率显著降低。

肖雪峰等针对昌家坨矿深部6272开切眼及扩面过程大变形特征,提出采用注浆锚索锚网联合支护技术,现场试验得出巷道围岩自承能力得到提高,变形量明显降低。

综上所述,锚注支护技术在煤矿现场得到广泛应用,尤其是中空注浆锚索集合了注浆和锚固作用功效,在破碎、软弱围岩巷道已开展了工程试验,取得了较好的效果,但在注浆锚索与水力致裂技术联合保障深部近距离煤层群沿空留巷围岩稳定性方面的研究相对较少。

1.2.4 切顶卸压技术研究现状

切顶卸压技术主要包括水力致裂和爆破切顶卸压,国内外学者围绕上述两种切顶卸压技术开展了大量理论研究和工程实践,并取得了良好效果。

1.2.4.1 水力致裂切顶卸压方面

水力致裂切顶的原理是通过高压泵将压裂液注入上覆岩层(顶板)中,在液体导流的作用下,促使煤岩体的裂隙扩张破裂形成贯通裂隙;同时,在注入过程中,高压水会对坚硬的岩层进行切割,对岩层的结构与强度产生破坏效果,实现软化岩体的作用。水力致裂切顶卸压的主要作用体现在:① 通过预裂切缝对坚硬顶板实现定向压裂,促使岩层沿切槽方向形成定向裂隙,实现顶板的分层垮落。② 破坏顶板结构的稳定性,加速顶板垮落,通过定向预裂,控制顶板垮落区域,破碎垮落的岩体可对采空区支承压力积聚区进行有效的支撑,降低煤柱承受的载荷。③ 在煤与瓦斯突出、高瓦斯矿井沿空留巷中采用水力致裂切顶技术,在顶板结构中形成的裂隙会加快瓦斯解吸速度,提高工作面回风隅角瓦斯抽采率,以及有助于提升工作面推进速度和回采率。

高厚等结合济宁三号矿典型工作面生产地质条件,利用光纤光栅三维应力传感器监测了水力致裂前后工作面推进过程中应力分布特征,得出:水力致裂后采动支承应力范围基本不变,应力峰值与开采工作面之间距离明显增加,但三个方向正应力的增加幅度均有所降低。

李欢恒结合漳村矿综放工作面停采后采区大巷因承受压力大而常出现返修的难题,提出采用水力致裂进行切顶,现场监测显示水力致裂切顶后巷道围岩变形量较小,有效保障了大巷的稳定性。

程蓬针对马道头煤矿 5209 辅助运输巷因承受强采动应力而导致围岩变形剧烈的工程难题,提出基于单孔分段多次压裂为核心的水力致裂切顶卸压技术,现场试验结果得出采用水力致裂切顶卸压技术后巷道围岩变形量降低了 70%,端头支架工作阻力降低了 35%,工作面超前应力影响距离由 70 m 降低为 30 m。

郑玉斌等针对马脊梁矿典型临空巷道围岩大变形特征,提出采用水力致裂弱化坚硬顶板技术,现场试验得出运用该技术后强动压显现得到弱化,工作面应力集中程度降低,巷道围岩变形量较小。

邓广哲等针对常家梁煤矿典型大采高综采端头顶板难垮落的工程难题,提出水压致裂切割定向裂隙控制端头顶板破断技术,得出了顶板实施水力压裂后,破坏类型由拉破坏转为拉剪破坏,在裂隙尖端形成翼型和反翼型裂纹,顶板具有较好的垮落性。

康红普、刘建伟等针对典型厚层砂岩顶板工作面开采过程中回采巷道承受强动压难题,提出对区段煤柱上覆基本顶进行水压致裂卸压,研究得出支承应力程度和巷道变形量均显著降低。

代生福针对麻家梁煤矿典型掘进巷道因邻近工作面坚硬顶板垮落形成的强矿压作用而发生剧烈变形的工程难题,提出超前顶板水压致裂卸压围岩控制技术,得出该技术在现场应用后,巷道变形速率显著减小,且底鼓量明显降低。

郭书全针对柠条塔煤矿典型工作面末采期间形成强动压而致围岩变形、设备损坏的工程难题,提出采用水力压裂卸压技术,现场试验结果显示采用水力压裂卸压技术后,矿压强度明显降低,煤柱基本未发生片帮现象。

于斌、刘建伟等针对塔山煤矿大采高综放开采坚硬顶板开采过程中的强矿压难题,通过现场试验比较了水力致裂前后巷道围岩变形特征,验证了水力致裂卸压效果。

1.2.4.2　爆破切顶卸压方面

在爆破切顶卸压方面,无煤柱留巷一般采用的巷旁支护方式包括两种类型,分别为液压立柱和巷旁充填。切顶爆破孔布置在液压立柱或巷旁充填体的外侧,切顶范围主要是直接顶,减少巷旁支护体的支撑压力。

孙晓明等分析了薄煤层回采过程中的顶板支承应力,研究了不同切顶卸压高度、角度、炮孔间距等参数对切顶卸压效果的影响。

王巨光等以孙庄煤矿地质条件为研究背景,设计了沿空留巷切顶爆破参数,并分析了切顶卸压成巷机制。

陈勇等通过运用 LS-DYNA 数值模拟与理论分析相结合的方法,在浅孔爆破沿空留巷切顶卸压机制的基础之上,分析了导向孔的作用机理,探究了选取不同参数对爆破效果产生的不同影响。

万海鑫等通过采用理论分析和数值计算的研究方法,对爆破卸压的机理进行深入研究,进而揭示切顶卸压沿空留巷技术应用过程中巷道围岩活动规律,确定预裂爆破合适孔深为 4 m。

刘书梁结合孙庄采矿公司典型野青灰岩坚硬顶板沿空留巷,提出坚硬顶板超前聚能爆破卸压技术,现场监测得出爆破卸压后采空区侧顶板能及时冒落,且巷道顶板完整,矿压显现不明显。

王维维等在研究深孔爆破技术的基础之上,采用理论分析研究方法,对切顶参数进行设计,在工作面超前进行沿空巷道顶板的预先深孔爆破,实现人工切顶,降低了护巷体所承受的顶板压力,形成切顶卸压沿空留巷技术。

何满潮、蔡洪林、刘小强等针对传统沿空留巷技术在现场应用中所遇到的施工工艺烦琐、留巷成本高等问题,分别结合试验工作面不同生产地质条件,采用双向聚能拉伸爆破技术开展切顶沿空留巷无煤柱留设,在沿空留巷顶板卸压效果显著。

综上所述:国内外学者围绕水力致裂、注浆锚索以及切顶卸压技术开展了大量研究,尤其在沿空留巷围岩稳定性控制方面,围绕水力致裂切顶卸压技术的理论和工程应用开展了相关研究;然而,对于水力致裂切顶卸压和工作面回采作用下超前支护区域巷道破碎顶板的稳定性控制缺乏相关研究。因此,充分结合水力致裂切顶卸压和注浆锚索技术优势,开展水力致裂卸压与超前注浆锚索锚注一体化技术研究,对沿空留巷围岩稳定性的控制尤为重要。

1.3 主要研究内容

本书在总结前人研究工作的基础上,以深部近距离煤层群沿空留巷为研究对象,采用现场调研、相似材料模拟、力学计算、数值模拟、理论分析及现场试验等综合研究方法,主要对深部近距离煤层群沿空留巷围岩破坏特征、开采覆岩位移和应力演化规律、切顶锚注一体化沿空留巷围岩稳定控制机理、典型条件下沿空留巷围岩稳定控制的关键参数优化和工程实践案例开展研究。

(1)深部近距离煤层群沿空留巷围岩应力场和位移场演化特征

深入调研分析深部近距离煤层群下层沿空留巷围岩大变形区域的维护特点和异常矿压显现特点;采用数值计算软件和相似材料模拟试验分析上、下层不同工作面采动作用下深部近距离煤层群下层沿空留巷围岩应力场和位移场的演化特征。

(2)切顶锚注一体化沿空留巷围岩控制机理

研发适用于深部近距离煤层群沿空留巷的切顶锚注一体化控制技术,分析深部沿空留巷顶板水力致裂和注浆锚索的作用原理,建立深部沿空留巷切顶锚注一体化控制模型,得出顶板内剪应力随顶板长度和支护圈刚度参数的变化特征,揭示切顶锚注一体化沿空留巷围岩控制机理。

(3)深部近距离煤层群沿空留巷围岩稳定控制关键参数

建立深部近距离煤层群下层切顶锚注一体化大型数值计算模型,综合不同工作面开采过程沿空留巷围岩卸压程度,模拟优化确定切顶长度、切顶方位角、注浆压力等关键技术参数,模拟分析切顶锚注一体化技术对深部沿空留巷围岩的控制效果。

(4)典型条件下切顶锚注一体化沿空留巷工程试验和应用效果评估

设计一套基于水力致裂切顶卸压和注浆锚索锚注一体化技术为核心的深部近距离煤层群下层沿空留巷围岩控制方案,优化确定切顶锚注一体化技术参数,设计较完整的施工工艺;在中兴煤业进行工程应用,分析实施效果,验证技术的可行性。

第2章 深部近距离煤层群 沿空留巷围岩破坏特征

中兴煤业位于山西省交城县岭底乡境内,距交城县城 10 km。井田东西长约 5.5 km,南北宽约 4.0 km,面积 19.862 5 km²。

矿井核定生产能力为 2.00 Mt/a,采用斜井开拓方式,为煤与瓦斯突出矿井;井田内主要含煤地层为二叠系下统山西组和石炭系上统太原组,共含煤 16 层,其中可采煤层平均厚 13.24 m。现主采 2#煤层,2#煤煤尘具有爆炸性,自燃倾向性为 Ⅲ 类,属不易自燃煤层;2# 煤层位于山西组中下部,K₄ 砂岩下 40～57 m,煤厚为 0.78～2.26 m,平均厚度为 1.54 m,煤层顶板以泥岩为主,底板为泥岩、细粒砂岩为主,局部为粉砂岩。

2.1 井田地质构造与煤层群具体条件

2.1.1 井田地质构造

西山煤田位于祁吕贺山字型构造体系东翼及新华夏构造体系的复合部位。清交矿区处于西山煤田东南边缘,矿区总体为一走向北东,向北西倾斜的单斜构造,在此背景上发育着一系列褶曲和断层,如图 2-1 所示。

井田位于清交矿区清徐详查区西部,井田内 NNW 向褶曲较发育,由东向西平行排列,受其控制地层走向为 NW、NNW 向,倾向受褶曲控制,倾角小于 15°。井田内西北角发现落差为 25 m 的正断层 1 条,但在井田东南部 2#煤层现采的约 3 km² 的地段井下就发现小规模正断层 66 条、小规模陷落柱 26 个。井田内未发现岩浆侵入影响。总体来看,构造属简单类,现将井田内所见褶曲、断层和陷落柱叙述如下。

2.1.1.1 褶曲

(1) 山庄头背斜:位于井田西部,其轴向为 NNW,两翼地层倾角为 3°～10°,两翼基本对称,两翼地层均为刘家沟组,延伸长度为 7 500 m,井田内延伸长度约为 3 100 m。

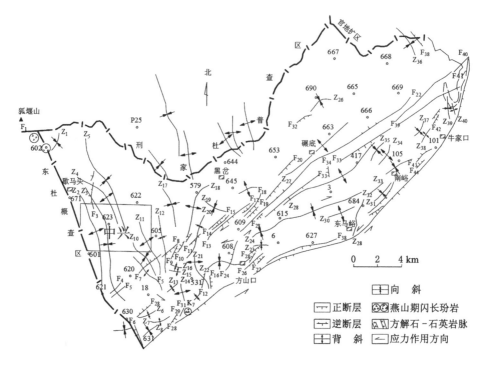

图 2-1　西山煤田清交矿区清徐勘探区构造纲要图

（2）柏崖头向斜：位于井田西部，与山庄头背斜大致平行，轴向为 NNW。两翼地层倾角为 4°～12°，出露地层为 P_2sh 和 T_1l，延伸长度为 8 500 m，自北向南纵向贯穿全井田。

（3）磁窑沟背斜：位于井田北部，其轴向为 N40°W，两翼倾角为 5°～21°，井田内倾角 5°～11°，出露地层为 P_2sh 和 T_1l，延伸长度为 4 200 m，井田内延伸长度为 1 500 m。

（4）窑儿头向斜：位于井田北部，其轴向为 N10°～45°W，两翼倾角为 4°～15°，出露地层为 P_2sh 和 T_1l，延展总长度为 8 000 m，井田内延伸长度为 1 300 m。在 4# 孔西南行迹消失。

（5）西雷庄背斜：位于井田南部，其轴向为 N5°～20°W，两翼倾角为 4°～23°，出露地层为 P_2s，从井田南部延伸入井田，井田内延伸长度为 1 200 m。

（6）东雷庄向斜：位于井田东南角，西雷庄背斜东，二者大体呈平行延伸，其轴向为 N5°～35°W，两翼倾角为 3°～23°，出露地层为 P_2s，延伸长度为 3 300 m，井田内延伸长度约为 1 300 m。

（7）申家圪垛背斜：位于井田东部，其轴向为 N20°W，两翼倾角为 5°～23°，一般小于 10°,出露地层为 P_2s,两翼基本对称,延伸长度为 4 500 m,井田内延伸长度约为 3 600 m。

（8）王山岭向斜:位于井田东北角,其轴向为 N10°～30°W,两翼倾角为 4°～10°,出露地层为 P_2s,延伸长度为 4 500 m,井田内延伸长度约为 500 m。

2.1.1.2　断层及陷落柱

井田内发现落差为 25 m 的正断层 1 条,位于井田西北角,倾角为 80°,但在井田东南部 $2^\#$ 煤层现采的约 3 km² 的地段井下发现小规模正断层 66 条,其中 65 条落差≤5 m,1 条落差为 7 m,仅有 20 条落差大于 1 m;发现小规模陷落柱 26 个,呈圆形或椭圆形,长轴为 10～75 m,短轴为 5～51 m。

井田构造以褶曲为主,断层、陷落柱发育,但规模小。褶曲对煤层开采有一定影响,但对采区布置影响不大,构造属简单类。

2.1.2　煤层及煤质

井田内主要含煤地层为二叠系下统山西组和石炭系上统太原组,共含煤 16 层,自上而下依次为 $01^\#$、$02^\#$、$03^\#$、$1^\#$、$2^\#$、$3^\#$、$4^\#$、$5^\#$、$6^{上\#}$、$6^\#$、$7^\#$、$8^{上\#}$、$8^\#$、$9^\#$、$10^\#$、$11^\#$ 煤层。含煤地层总厚度为 143 m,煤层总厚度为 16.21 m,含煤系数为 11.3%。其中可采煤层平均厚度为 13.24 m,可采含煤系数为 9.3%。山西组含 $01^\#$～$5^\#$8 层,煤层总厚度为 7.64 m,地层厚度为 63 m,含煤系数为 12.1%,可采煤层 3～4 层,煤号为 $02^\#$、$2^\#$、$4^\#$、$5^\#$,可采煤层厚度为 6.54 m,可采含煤系数为 10.4%。太原组含 $6^{上\#}$～$11^\#$8 层,煤层总厚度为 8.57 m,地层厚度为 80 m,含煤系数为 10.7%。可采煤层有 $6^\#$、$8^\#$、$9^\#$3 层,可采煤层总厚度为 6.70 m,可采含煤系数为 8.4%。

各煤层具体情况如下:

（1）$02^\#$ 煤层

$02^\#$ 煤层位于山西组上部 K_4 砂岩下 24 m。煤厚为 0～1.24 m,平均厚度为 0.70 m。南部尖灭,$622^\#$ 孔相变为碳质泥岩,可采区位于中部,可采面积为 3.275 km²。不含或仅含 1 层夹层,煤层结构简单。顶底板均以砂质泥岩、泥岩为主,局部为粉砂岩或细粒砂岩。

（2）$2^\#$ 煤层

$2^\#$ 煤层位于山西组中下部,K_4 砂岩下 40～57 m。煤厚为 0.78～2.26 m,平均厚度为 1.54 m。煤层厚度变化为东北部及南部薄,中部和西部厚。不可采区分布在井田东北部,面积很小。不含夹层,煤层结构简单。煤层顶板以泥岩为主,底板为泥岩、细粒砂岩为主,局部为粉砂岩,本层属全井田可采的稳定煤层。

（3）4#、5#煤层

4#、5#煤层位于山西组下部，2#煤层下 6 m 左右，中西部 4#、5#煤合并，合并区称 5#煤层，分叉区称 4#、5#煤层。5#煤层厚 0.70～5.39 m，平均厚度为 2.98 m，东薄西厚，规律明显。不含或含 1～2 层夹层，结构简单～中等，属全井田可采煤层。分叉区 4#煤层厚 0.35～1.85 m，平均厚度为 1.03 m。4#、5#煤层顶板岩性为泥岩、碳质泥岩，底板岩性为砂质泥岩、泥岩。

（4）6#煤层

6#煤层位于太原组上部，L₅ 石灰岩 8～11 m 左右，煤厚 0.87～1.75 m，平均厚度为 1.15 m。煤层厚度多大于 1 m，全井田可采，最薄处在东南角 603# 孔，厚度为 0.87 m，向中部及东北部变厚。不含或含一层夹矸，夹矸厚度为 0.11～0.40 m，煤层结构简单。煤层顶板岩性为碳质泥岩，底板岩性为泥岩。本层属全井田可采的稳定煤层。

（5）8#煤层

8#煤层位于太原组中下部，煤厚为 2.50～4.54 m，平均厚度为 3.65 m。煤层厚度变化大，相对中部厚，最厚点在 623# 孔，为 4.54 m。该煤层为本井田赋存最好的一层煤。不含或含一层夹矸，煤层结构简单。顶板岩性多为碳质泥岩，局部为 L₁ 石灰岩，底板岩性为砂质泥岩或细粒砂岩。本层属全井田可采的稳定煤层。

（6）9#煤层

9#煤层位于太原组下部，8#煤层下 5.18 m，煤层厚度为 1.55～3.00 m，平均厚度为 1.90 m。煤层厚度变化为西部薄，东部厚。不含或偶含一层夹矸，煤层结构简单。顶底板岩性均为泥岩或砂质泥岩。本层属全井田可采的稳定煤层。

2.2　井田开拓方式及矿井生产系统

中兴煤业井田划分为＋760 m、＋680 m 两个开采水平，现开采＋760 m 水平的 2#煤层，分一、三、四 3 个采区。矿井采用斜井开拓方式，其中：行人斜井井筒长度为 599 m、净断面为 17.32 m²；材料斜井井筒长度为 640 m，净断面为 10.48 m²；峁上主斜井井筒长度为 1 458.4 m，净断面为 19.9 m²；峁上回风斜井井筒长度为 888 m，净断面为 13.8 m²；马庄回风立井井筒长度为 532 m，净断面为 23.8 m²。

原煤提升系统主要由集中胶带巷钢丝绳芯带式输送机和峁上主斜井钢丝绳芯带式输送机构成。材料运输系统峁上主斜井安装有滚筒直径为 3 m 的单滚筒提升绞车，负责大型材料及设备运输；副斜井安装有滚筒直径为 2.5 m 的单绳缠绕式矿井提升机，负责小型材料运输。人员运输系统由行人斜井和一采行人巷、三采行人巷组成,均装有架空乘人装置。

矿井采用分区式通风,通风方法为机械抽出式,通风方式为"三进两回"混合式,即行人斜井、材料斜井、崀上主斜井用于进风,崀上回风斜井、马庄回风立井专门用于回风。其中一采的回风由崀上回风斜井承担,三采区的回风由马庄回风立井承担。

2.3　清交矿区沿空留巷围岩破坏特征

2.3.1　3201 工作面沿空留巷

2.3.1.1　生产地质条件

3201 工作面位于三采区北翼,东面为 3215 工作面采空区,南面为三采区总回风大巷、总轨道大巷、胶带大巷,西面为 3203 工作面,上下部煤层均未开采。3201 工作面一切眼倾斜长度为 160 m,可采长度为 129 m;一切眼与二切眼对接后倾斜长度为 190 m,可采长度为 1 466 m。3201 工作面平面图如图 2-2 所示,地面部分地段为第四纪黄土覆盖,出露地层有二叠系上统上石盒子组、石千峰组及三叠系下统刘家沟组,除农田和部分果树外,无其他建筑物设施。

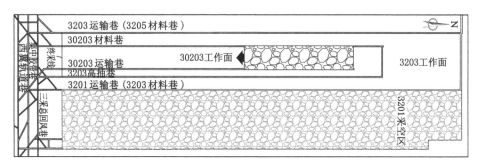

图 2-2　3201 工作面平面图

3201 工作面布置在一个缓倾斜的褶皱构造(向斜)一翼,根据邻近工作面揭露煤层情况分析,南北向节理发育。3201 工作面出 3201 材料巷、3201 运输巷、3201 切割巷、3203 切割巷及 3203 运输巷构成完整的生产系统,运输巷与材料巷为南北走向,切眼垂直于两巷,为东西走向,其中 3201 运输巷采用沿空留巷作为3203 工作面材料巷。

3203 材料巷与三采东翼轨道巷联通,构成主进风、行人系统;3203 运输巷与三采东翼轨道巷联通,构成辅助进风、行人、运煤、运料系统;工作面回风通过工作面经 3205 切割巷、3205 运输巷与三采东翼回风巷联通,构成回风系统。

3203 材料巷为沿空留巷,巷道断面支护布置图如图 2-3 所示。沿空留巷充填体位置选择在机头采空侧第 1、2 个支架后方,充填包规格根据实际情况采用两种(长×宽×高=4 000 mm×2 500 mm×3 000 mm;长×宽×高=3 000 mm×2 500 mm×3 000 mm),充填后巷道净宽为 4 200 mm,留巷支护示意图如图 2-4 所示。

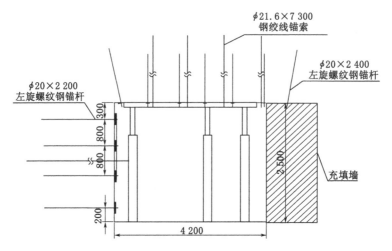

图 2-3   3203 材料巷支护布置图(单位:mm)

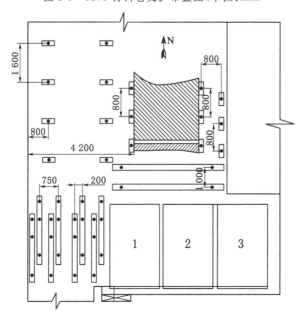

图 2-4   留巷支护示意图(单位:mm)

　　沿空留巷内采用 3 600 mm Ⅱ型梁及单体支柱垂直巷道布置"一梁三柱"加强支护,两帮支柱距离梁头 200 mm,距离两帮各 500 mm,中间支柱居中布置,梁距 1 600 mm,留巷支护随工作面前移延长支护距离。

　　工作面正常回采后,对留巷内滞后工作面 200 m 外的单体支柱可由远至近逐架回收,但遇顶板破碎、顶板压力大等情况时不得回收。

2.3.1.2　沿空留巷围岩异常矿压显现情况

　　随 3201 和 30203 工作面回采,3203 材料巷围岩变形如图 2-5 所示,其异常矿压显现特征表现为:

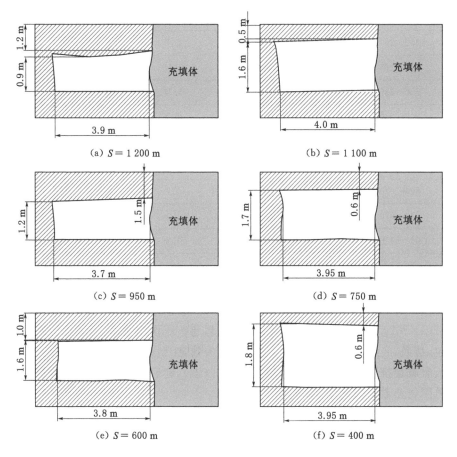

(a) $S = 1\ 200\ m$　　　　　　　　(b) $S = 1\ 100\ m$

(c) $S = 950\ m$　　　　　　　　(d) $S = 750\ m$

(e) $S = 600\ m$　　　　　　　　(f) $S = 400\ m$

图 2-5　3201 工作面回采过程 3203 材料巷不同区域围岩位移变化特征

　　(1) 在 3201 工作面回采过程中留巷不同区域均呈现全断面变形,变形后巷道最小高度仅为 0.9 m,见图 2-5(a),较初始巷道高度变形量达 2.1 m,顶板最大下沉量达 1.5 m,见图 2-5(c),且底鼓严重。

(2)顶板锚杆(索)多处出现拉断或松动现象,部分钢带撕裂,说明 3201 工作面回采过程中巷道承受较高的采动应力。

(3)3201 工作面回采过程中采用增加锚索支护密度、架设 U 型棚梁和木垛、起底等措施后,巷道仍难保持稳定,阶段性地出现较大变形,局部区域巷道累计起底 3~4 次,如表 2-1 所示为其中一次的起底范围(注:3203 材料巷 250~1 190 m 段巷道高度均小于 2 m)。

表 2-1 3203 材料巷典型起底信息统计结果 单位:m

位置	起底长度	现巷道高度	起底厚度
250~260	10	1.7	0.3
270~275	5	1.75	0.25
300~330	30	1.75	0.25
365~380	15	1.7	0.3
465~490	25	1.7	0.3
530~560	30	1.75	0.25
890~920	30	1.7	0.3
980~990	10	1.7	0.3
1 060~1 110	50	1.7	0.3
1 120~1 150	30	1.7	0.3
1 150~1 190	40	1.6	0.4

(4)30203 工作面开采过程对 3203 材料巷矿压作用明显,局部顶板破碎、有吊包、帮鼓、底鼓严重,多处单体支柱倾斜、失效,Ⅱ型梁有弯曲或断裂,充填墙侧底板有破裂挤压等现象,主要采用补打锚杆(索)、起底、增设单体支柱等措施,但巷道围岩变形仍较显著。

(5)3203 工作面回采时,巷道部分区域顶板破碎严重,部分 U 型棚损坏,在高应力条件下巷道仍呈全断面变形发展。

2.3.1.3 3203 工作面回采过程支架阻力变化特征

对于综采工作面,主要的支护参数有支架初撑力、支护密度、支护系统刚度及支架工作阻力,其中支护密度是固定的,支护系统刚度在支架选型后就已经确定,支架工作阻力是反映采场支护强度的一个重要指标,通过在线监测和分析得出工作面回采过程中支架阻力的变化特征。

3203 工作面支架工作阻力监测仪器选用了 KJ216 综采支架工作阻力在线监测系统及配套设备。3203 工作面 KJ216 综采支架工作阻力在线监测系统如图 2-6 所示。

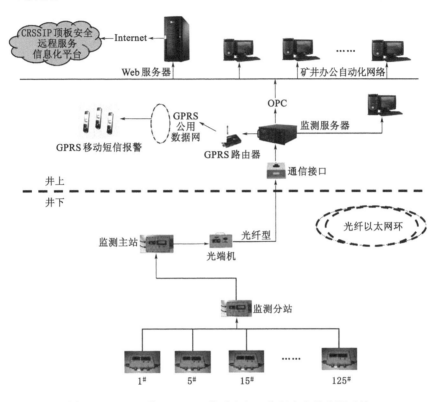

图 2-6　3203 工作面 KJ216 综采支架工作阻力在线监测系统

从 3203 工作面机头至机尾分别在 1#、5#、15#、25#、35#、45#、55#、65#、75#、85#、95#、105#、115# 和 125# 液压支架上安设液压支架监测分站,合计 14 个支架工作阻力测站,其布置示意图如图 2-7 所示。其中 1#、5#、15#、25#、35# 为上部测区(运输巷侧),45#、55#、65#、75# 为中部测区,85#、95#、105#、115#、125# 为上部测区(材料巷侧),通过液压支架监测分站对支架两个前立柱、一个后立柱的工作载荷进行实时监测。

经过相关软件转化与集中处理,并将每架支架工作阻力进行分析比较,形成支架工作阻力随工作面回采过程变化趋势图,从中分析顶板活动规律。液压支架工作阻力随时间的分布规律如图 2-8 所示。

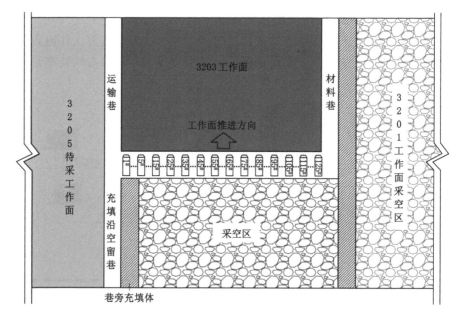

图 2-7　3203 综采工作面支架工作阻力测站布置示意图

由图 2-8 可得,在 3203 工作面 2017-2-27—2019-1-31 这一回采期间内,监测到的液压支架工作阻力情况是复杂多变的,根据液压支架工作阻力变化情况,并结合工作面对应的回采推进进尺,可以直观地判断出工作面推进至不同位置时的矿压显现情况。由于 3203 工作面煤层倾角较小(煤层倾角为 2°~10°,平均倾角为 7°),因此液压支架监测到的工作阻力云图在上、中、下部分布较为均匀。

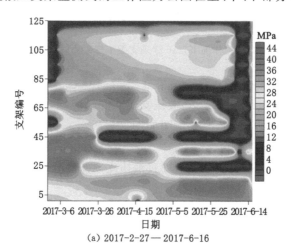

(a) 2017-2-27 — 2017-6-16

图 2-8　支架工作阻力云图

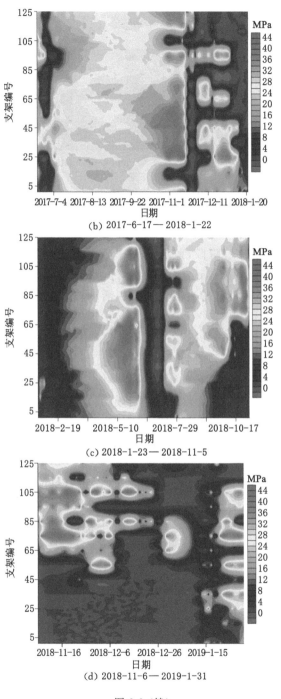

(b) 2017-6-17 — 2018-1-22

(c) 2018-1-23 — 2018-11-5

(d) 2018-11-6 — 2019-1-31

图 2-8（续）

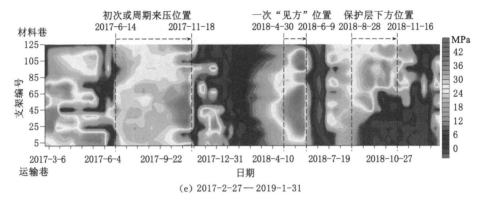

图 2-8（续）

（1）工作面回采初始阶段，监测到工作阻力较高的区域主要集中于工作面中、上部区域，可以看出靠近运输巷一侧的上部工作阻力长期处于较高的水平，这表明沿空留巷致使运输巷附近的顶板活动较为剧烈，承受较高的顶板压力值。

（2）2017-6-14—2017-11-18 这一期间整个工作面的工作阻力均处于较高的水平，基本保持在 30 MPa 以上，由于这一时期工作面推进速度较慢，且工作面推进至基本顶初次或周期来压范围内，因此顶板活动较为剧烈，易形成剧烈动载扰动而致使工作面支架出现压架、超前段巷道围岩变形严重等矿压显现事故。

（3）2018-4-30—2018-6-9 这一期间整个工作面回采推进至一次"见方"影响范围内，可见此时工作面中部存在明显的高支护阻力区域，该区域内的支护阻力高达 40 MPa。

（4）2018-8-28—2018-11-16 这一期间为工作面从 30203 工作面采空区影响范围外向 30203 工作面采空区影响范围内回采推进的时期，从支护云图中可以明显看出受上覆保护层卸压影响，工作面中、上部区域出现明显的支护阻力下降，而保护层遗留煤柱对于工作面中、下部区域造成应力叠加影响，使得工作面中、下部区域工作阻力高，这也加剧了 3201 工作面留巷（3203 工作面材料巷）围岩采动应力强度，进而导致巷道围岩大变形产生。

2.3.2　3203 工作面沿空留巷

2.3.2.1　生产地质条件

3203 工作面与 30203 工作面为中兴煤业典型近距离煤层群开采工作面，其中 3203 工作面位于三采区北翼，工作面标高为 708～780 m，走向长度为

1 595 m,倾向长度为 190 m,东面为 3201 采空区,南面为三采东翼回风巷、三采东翼轨道巷、三采东翼胶带巷,西面为 3205 综采工作面,地面除农田和部分果树外,无其他建筑物设施,地面标高为 1 315～1 576 m。3203 工作面平面图如图 2-9 所示,上部为 30203 工作面。

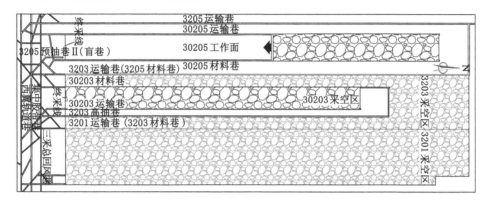

图 2-9　3203 工作面平面图

30203 工作面井下位于三采区北翼,走向长度为 1 160 m,倾向长度为75 m,北面距井田边界煤柱线 370 m,南面为三采开拓大巷,东面为 3201 工作面,西面为 3205 工作面,下方为 3203 工作面,工作面盖山厚度为 668～743 m。30203 工作面地面相对位置北距关王庙 920 m,南距马庄村 660 m,东距白草梁 190 m,西距玉尖沟 940 m。

3203 工作面主采 2# 煤层,2# 煤层为二叠系下统山西组煤层,煤层厚度为1.6～2.3 m,平均厚度为 2.1 m。工作面沿 2# 煤层掘进,煤层结构简单,是井田较稳定地段,所采煤层为中灰低硫之主焦煤,煤层倾角为 2°～10°,平均倾角为7°。3203 保护层工作面主采 02# 煤,02# 煤位于山西组上部,煤厚为 0.65～1.5 m,平均厚度为 1.28 m,煤层倾角为 1°～10°,平均倾角为 6°,2# 煤层与 02# 煤层间距为 6.5～12 m。3203 工作面煤岩层柱状图如图 2-10 所示。

3203 工作面布置在一个缓倾斜的褶皱构造(背斜)下,根据邻近工作面揭露的煤层赋存情况,工作面内南北向节理发育。3203 工作面由 3203 运输巷、3203材料巷、3203 切割巷、3205 切割巷、3205 运输巷构成完整的生产系统,其中 3203材料巷采用沿空留巷。

3205 材料巷与三采东翼轨道巷联通,构成主进风、行人系统;3203 运输巷与三采东翼轨道巷联通,构成辅助进风、行人、运煤、运料系统;工作面回风通过工作面经 3205 切割巷、3205 运输巷与三采东翼回风巷联通,构成回风系统。

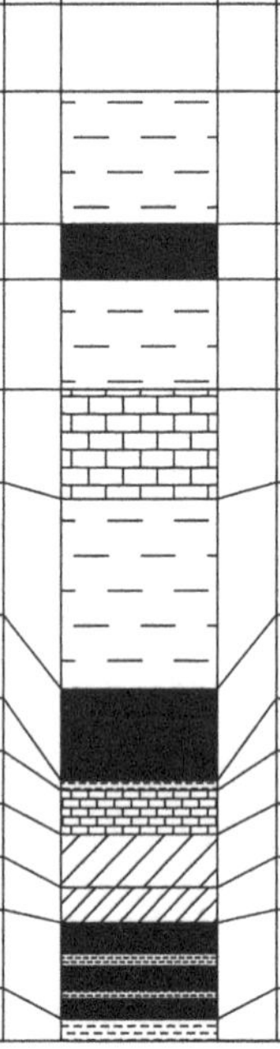

序号	岩石名称	柱 状	层厚/m	岩 性 描 述
1	细粒砂岩		2.00	灰色，胶结较硬，夹有机质条带和粉砂岩薄层。
2	泥岩		3.00～8.00	水平层理，含大量植物叶片化石，中部夹砂质泥岩薄层，下部节理发育。
3	02#煤		1.28	粉末状及块状，半亮型煤。
4	泥岩		2.50	灰黑色，含球状硫铁结核，半坚硬。
5	中粗粒砂岩		2.50	深灰色，坚硬。
6	泥岩		4.30	灰黑色，中厚层状，半坚硬，节理裂隙发育，岩芯破碎，滑面多，含植物化石。
7	2#煤		1.60～2.30	粉末状及块状，半亮型煤。
8	泥岩		0.20	灰黑色，含球状硫铁结核。
9	中细粒砂岩		1.00	深灰色，坚硬。
10	砂质页岩		1.00	半坚硬。
11	页岩		0.80	黑色，半坚硬。
12	4#煤		2.20	粉末状及块状，沥青光泽，内生裂隙发育，夹矸为泥岩。
13	碳质泥岩		0.50	黑色，含植物根部化石。

图 2-10 3203 工作面煤岩层柱状图

3205 材料巷为沿空留巷，巷道断面支护布置如图 2-11 所示，沿空留巷充填体位置选择在机头采空侧第 1、2 个支架后方，充填包规格根据实际情况采用两种（长×宽×高＝4 000 mm×2 500 mm×3 000 mm；长×宽×高＝3 000 mm×2 500 mm×3 000 mm），充填后巷道净宽为 4 200 mm。沿空留巷内采用 3 600 mm Ⅱ型梁及单体支柱垂直巷道布置"一梁三柱"加强支护，两帮支柱距离梁头 200 mm，距离两帮各 500 mm，中间支柱居中布置，梁距为 1 600 mm，留巷支护随工作面前移延长支护距离。工作面正常回采后，对留巷内滞后工作面 200 m 外的单体支柱可由远至近逐架回收，但遇顶板破碎、顶板压力大等情况时不得回收。

2.3.2.2　沿空留巷围岩异常矿压显现情况

选取距 3203 工作面终采线 610～840 m 位置的 3203 工作面沿空留巷进行统计，主要包括巷道围岩变形破坏和支护结构破坏，其中支护结构破坏类型又包括煤帮侧锚杆、顶锚杆、顶锚索和充填侧锚杆支护破坏等。

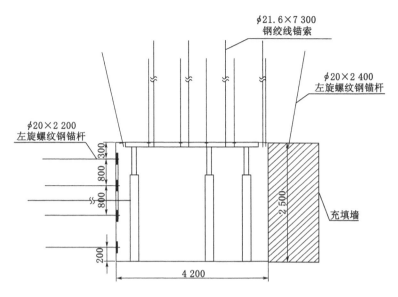

图 2-11　3205 材料巷断面支护布置图(单位:mm)

(1) 巷道围岩变形破坏特征

统计区域留巷围岩整体变形较大,顶板下沉、底鼓以及鼓帮整体较大,其中顶板下沉以中间变形量最大,煤侧帮碎裂,并呈现整体移动,充填帮侧出现整体或局部锯齿状鼓出。统计区域在前期已起底一次,起底平均高度为 0.4 m,从巷道断面而言主要从底板中间到煤帮侧边;如图 2-12 所示[注:图 2-12(a)、(c)为现场实拍图;图 2-12(b)、(d)分别是与图 2-12(a)、(c)对应的素描图],其中图 2-12(a)、(b)断面位置为 3203 工作面留巷距终采线 820 m,图 2-12(c)、(d)断面位置为 3203 工作面留巷距终采线 810 m。现场观测发现巷道顶底板最小高度仅为 1.38 m,结合前期起底高度,综合较巷道留巷原高度变形达 1.62 m;两帮最小宽度为 3.15 m,较原有留巷高度回缩达 1.05 m。

(2) 顶板支护结构破坏特征

在 3203 工作面回采过程中,通过对留巷围岩顶板支护结构破坏类型综合统计,归纳得出如下类型:锚杆松动、锚杆破坏、锚索松动、锚索破坏、钢带撕裂和单体支柱弯曲与破断,如图 2-13 所示。统计得出顶板各排锚杆(索)支护构件破坏类型和数量分布特征(图 2-14)如下:

顶板锚杆的破坏类型主要分为两种:以锚杆拉/剪断和托盘脱落式的失效和锚杆托盘与顶板分开式的松动,其中失效类型占比较大,某典型顶锚杆失效(距3203 工作面终采线 805 m)形式如图 2-15 所示。

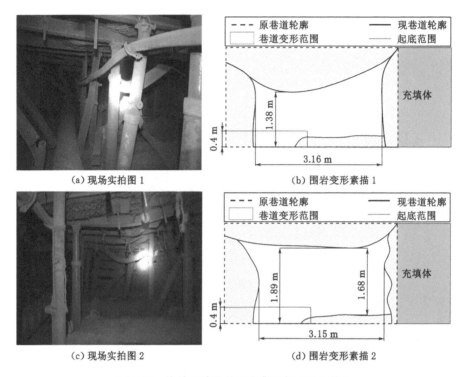

(a) 现场实拍图 1   (b) 围岩变形素描 1

(c) 现场实拍图 2   (d) 围岩变形素描 2

图 2-12　统计区域巷道围岩典型断面破坏特征

(a) 钢带撕裂   (b) 顶锚索松动

(c) 顶锚杆松动   (d) 顶锚杆破断

图 2-13　3203 工作面回采过程留巷顶板支护结构破坏特征

（e）顶锚索破断　　　　　　　　（f）单体支柱弯曲／破断

图 2-13（续）

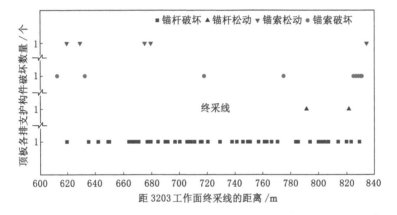

图 2-14　顶板各排锚杆（索）支护构件破坏类型和数量分布特征

图 2-15　典型顶锚杆失效（距 3203 工作面终采线 805 m）形式

和上述顶板锚杆破坏类型类似,顶板锚索破坏主要表现为失效和松动,如图 2-16 所示,锚索的松动包括锚索托盘与顶板分开式、锁具和锚索托盘分开式两种。相对于顶板锚杆破坏数量,锚索破坏数量则较少;在失效和松动两种类型中,区别于顶板锚杆破坏类型以失效为主,顶板锚索破坏类型主要以松动为主。

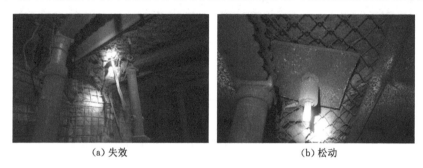

（a）失效 　　　　　　　　　　　　（b）松动

图 2-16　统计区域顶板锚索主要破坏形式

（3）留巷两侧帮支护结构破坏特征

对于煤帮支护结构破坏统计,主要是强采动应力作用下煤帮煤体破碎,且在整体位移过程中导致锚杆及托盘整体埋入煤帮之中。煤帮和充填侧帮的锚杆破坏形式主要包括两类:锚杆整体埋入煤壁和锚杆脱落破坏。3203 工作面回采过程留巷煤帮支护结构破坏特征如图 2-17 所示。

（a）　　　　　　　　　　　　（b）

（c）　　　　　　　　　　　　（d）

图 2-17　3203 工作面回采过程留巷煤帮支护结构破坏特征

煤帮侧各排锚杆破坏形式及数量统计结果如图 2-18 所示,在单排锚杆埋入煤壁数量为 1,2 和 3 情况中(注:单排煤壁帮锚杆支护数量为 3),可得单排锚杆埋入煤壁数量为 2 个时其占比最大,为统计区域单排总数的 52.53%;单排锚杆埋入煤壁数量为 3 个时占比为 26.46%;而单排锚杆埋入煤壁数量为 1 个的占比最小,仅占 21.01%。另外,对单排锚杆在煤帮的上、中、下位置破坏占比情况也进行了统计,可得煤帮下部锚杆埋入煤壁占比达到 43.96%,远大于煤帮上部或中部锚杆埋入煤壁的占比,从巷道煤壁破坏也可得出中、下部煤壁帮局部片帮或鼓帮。

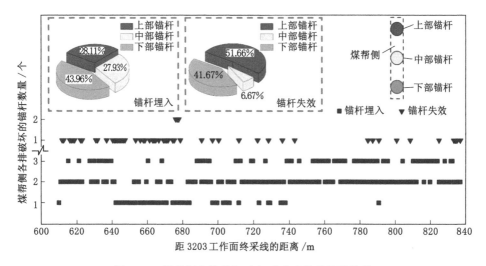

图 2-18　煤帮侧各排锚杆破坏形式及数量统计结果

由煤帮单排锚杆破坏情况统计结果可得,锚杆破坏形式主要为 1 根锚杆失效,2 根锚杆失效的情况极少,统计区域中仅出现 3 排;另外,由失效锚杆在煤帮中各位置的占比可得,失效的锚杆主要位于煤帮上部和中部,占比分别为51.66% 和 41.67%。在此基础上,进一步对煤帮角锚杆破坏情况进行分析,同样分为两种(完全埋入煤帮和失效破坏),如图 2-19 所示。从现场来看,埋入煤帮由于高应力作用下帮鼓和顶板下沉而产生,而失效表现为煤帮整体挤压导致锚杆托盘脱落,通过对比这两种情况,埋入煤帮的数量远多于失效破坏数量。

充填侧帮锚杆破坏主要分为两类,即上部或下部锚杆埋入顶板或底板岩层中以及锚杆拉/剪断和托盘脱落式的失效。充填侧帮各排锚杆主要破坏形式如图 2-20 所示。

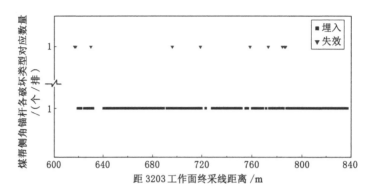

图 2-19　破坏的煤帮角锚杆位置分布特征

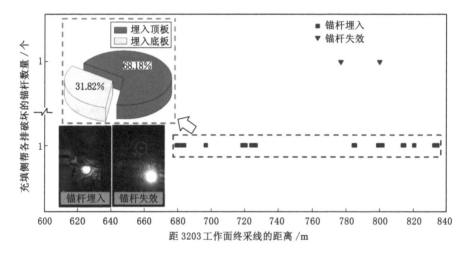

图 2-20　充填侧帮各排锚杆破坏形式及数量统计

在两种破坏类型中,锚杆埋入破坏类型中各排锚杆破坏数量远大于失效。另外,通过进一步分析锚杆埋入顶板和底板两种情况可得:锚杆埋入顶板中的占比值远大于锚杆埋入底板,两者占比分别为 68.18％ 和 31.82％。

2.4　3203 工作面沿空留巷围岩变形特征反演

本节主要针对中兴煤业深部近距离煤层群生产地质条件,利用大型三维岩土工程软件 FLAC3D 分别分析近距离煤层群下层 3203 工作面沿空留巷围岩在 3203 工作面、30205 工作面和 3205 工作面开采过程中的围岩变形特征。

2.4.1　FLAC3D 软件简介

FLAC3D 是美国 Itasca Consulting Group Inc. 公司开发的有限差分计算软件,主要适用于模拟计算地质材料的力学行为,特别是材料达到屈服极限后产生的塑性流动。材料通过单元和区域表示,根据计算对象的形状构成相应的网格。每个单元在外载和边界约束条件下,按照约定的线性或非线性应力-应变关系产生力学响应。由于 FLAC3D 软件主要是为岩土工程应用而开发的岩石力学计算程序,它包括了反映地质材料力学效应的特殊计算功能,可计算地质类材料的高度非线性(包括应变硬化/软化)、不可逆剪切破坏和压密、黏弹(蠕变)、孔隙介质的应力-渗流耦合、热-力耦合以及动力学问题等。另外,程序设有界面单元,可以模拟断层、节理和摩擦边界的滑动、张开和闭合行为。支护结构(如衬砌、锚杆、可缩性支架或板壳等)与围岩的相互作用也可以在 FLAC3D 中进行模拟。

FLAC3D 的基本思想是拉格朗日元法,其遵循连续介质的假设,按时步积分求解,随着构型的变化不断更新坐标,允许介质有大变形。同时将动态运动方程应用于连续介质力学,在进行连续介质静力分析时计算控制方程中的荷载平衡方程,由表示运动的动量平衡方程来代替,即外力作用下的物体,如果其运动加速度为零,则该物体处于运动平衡状态,此时动量平衡方程所对应的解为系统的静力解。

在计算中通过监测不平衡力比率值的大小来确定计算是否达到静力状态。显示差分求解中,所有的矢量参数(力、速度及位移)都存储在网格节点上,所有的标量及张量(应力及材料特性)存储在单元的中心位置,首先通过运动方程由应力及外力可以求出节点的速度及位移,由空间导数从而得出单元的应变率,借助材料的应力-应变关系,由单元应变率可以获得单元新的应力。

FLAC3D 采用显式算法来获得模型全部运动方程(包括内变量)的时间步长解,从而可以追踪材料的渐进破坏和垮落,这对研究设计是非常重要的。在 FLAC3D 中利用 Null 单元可以方便地控制单元的生死,而且设置为 Null 的单元不会对其他的单元计算产生影响。此外,程序允许输入多种材料类型,亦可在计算过程中改变某个局部的材料参数,增强了程序使用的灵活性,极大地方便了在计算上的处理,非常适合对施工力学现象的模拟。

2.4.2　模型的建立

2.4.2.1　工作面开采过程沿空留巷围岩应力分析模型

根据中兴煤业 3203 工作面开采区域的钻孔资料,建立 520 m(长)×490 m(宽)×184 m(高)的模型,该模拟共设置 31 层煤岩层,本构模型为莫尔-库仑模型,2#煤层埋深为 600 m 左右,煤层所处原岩地应力约为 15 MPa。根据模拟高度和覆岩厚度的关系,在模型顶面施加 13 MPa 的原岩应力模拟覆岩自重,模型内部的初始应力为 15 MPa,两边固定水平位移,底边固定垂直位移;为减小模型边界对开采区域围岩应力的影响,在模型的 X 方向和 Y 方向分别留设 52.5 m 和 140 m 边界,建立的大型三维数值模型如图 2-21 所示,具体所需参数如表 2-2 所示,共划分为 440 074 个单元、450 344 个节点。

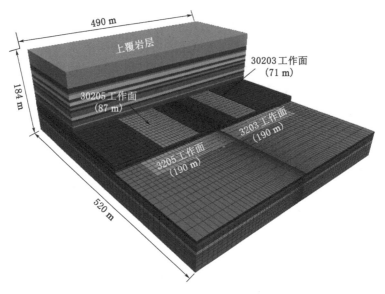

图 2-21 三维数值模型的煤岩层与工作面布置

表 2-2 2#煤层顶底板岩层物理力学参数表

岩层序号	岩性	厚度/m	密度/(kg/m³)	体积模量/GPa	剪切模量/GPa	黏聚力/MPa	内摩擦角/(°)	抗拉强度/MPa
31	泥岩	5.5	2 200	1.25	0.75	4.05	26.2	2.44
30	粗粒砂岩	10.0	2 690	2.31	1.96	8.58	30.8	8.58
29	砂质泥岩	3.4	2 730	1.96	1.53	6.25	28.3	3.76
28	细粒砂岩	8.0	2 390	2.31	1.96	8.58	30.8	4.19
27	粗粒砂岩	5.1	2 690	2.31	1.96	8.58	30.8	8.58
26	细粒砂岩	1.5	2 390	2.31	1.96	8.58	30.8	4.19
25	砂质泥岩	5.6	2 730	1.96	1.53	6.25	28.3	3.76
24	粉砂岩	4.7	2 740	3.89	2.77	11.20	31.8	6.24
23	泥岩	4.2	2 200	1.25	0.75	4.05	26.2	2.44

表 2-2（续）

岩层序号	岩性	厚度/m	密度/(kg/m³)	体积模量/GPa	剪切模量/GPa	黏聚力/MPa	内摩擦角/(°)	抗拉强度/MPa
22	细粒砂岩	4.3	2 390	2.31	1.96	8.58	30.8	4.19
21	泥岩	10.0	2 200	1.25	0.75	4.05	26.2	2.44
20	砂质泥岩	5.8	2 730	1.96	1.53	6.25	28.3	3.76
19	细粒砂岩	4.1	2 390	2.31	1.96	8.58	30.8	4.19
18	泥岩	8.3	2 200	1.25	0.75	4.05	26.2	2.44
17	细粒砂岩	1.5	2 390	2.31	1.96	8.58	30.8	4.19
16	中粒砂岩	8.0	2 660	2.19	1.19	5.09	28.4	4.40
15	泥岩	1.6	2 200	1.25	0.75	4.05	26.2	2.44
14	02#煤	1.3	1 360	0.48	0.31	1.47	24.3	0.98
13	泥岩	3.0	2 200	1.25	0.75	4.05	26.2	2.44
12	3#煤	0.5	1 360	0.48	0.31	1.47	24.3	0.98
11	粉砂岩	2.5	2 740	3.89	2.77	11.20	31.8	6.24
10	碳质泥岩	2.5	2 030	1.02	0.73	4.75	24.5	1.66
9	1#煤	0.6	1 360	0.48	0.31	1.47	24.3	0.98
8	泥岩	1.2	2 200	1.25	0.75	4.05	26.2	2.44
7	2#煤	2.1	1 360	0.48	0.31	1.47	24.3	0.98
6	中粒砂岩	3.8	2 660	2.19	1.19	5.09	28.4	4.40
5	煤	4.8	1 360	0.48	0.31	1.47	24.3	0.98
4	泥岩	1.8	2 200	1.25	0.75	4.05	26.2	2.44
3	粉砂岩	9.2	2 740	3.89	2.77	11.20	31.8	6.24
2	砂质泥岩	4.7	2 730	1.96	1.53	6.25	28.3	3.76
1	泥岩	2.1	2 200	1.25	0.75	4.05	26.2	2.44

2.4.2.2　工作面开采过程沿空留巷围岩位移分析模型

沿空巷道围岩位移变化特征与工作面开采过程的采动应力和支护方案密切相关。但由于工作面开采模型涉及多个工作面开采以及不同开采范围的分析，即主要侧重开采覆岩采动应力方面的分析，而在分析巷道围岩变形方面则相对不足。为了更合理地研究工作面开采过程沿空留巷围岩位移变化特征，分别以 3203 运输巷（留巷前）和 3205 材料巷（留巷后）为研究对象，结合现巷道围岩的支护方案，建立工作面开采过程沿空留巷围岩位移场分析模型以及相应的支护方案，如图 2-22 所示。模型尺寸为 55 m×4.4 m×40 m；模型内部初始地应力为 15 MPa,侧压系数为 1.5,模型的侧边界和底边界采用位移约束,在模型顶面施加 15 MPa 的应力边界,共设置 20 层煤岩层,煤岩层物理力学参数如表 2-3 所示,本构模型为莫尔-库仑模型,根据不同开采阶段条件下巷道围岩应力集中系数和相应的荷载,分别分析巷道围岩的变形特征。

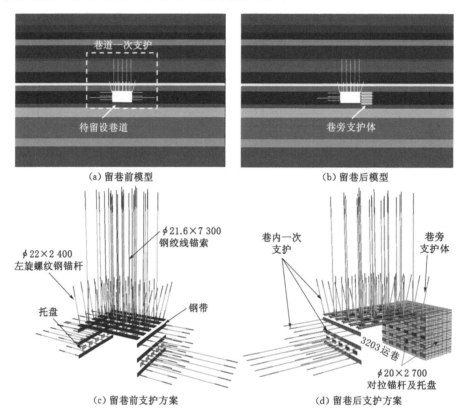

(a) 留巷前模型　　　　　　　　　(b) 留巷后模型

(c) 留巷前支护方案　　　　　　　(d) 留巷后支护方案

图 2-22　巷道数值计算模型(单位:mm)

表 2-3　沿空留巷巷旁支护体模拟参数

体积模量 /GPa	剪切模量 /GPa	黏聚力 /MPa	内摩擦角 /(°)	抗拉强度 /MPa	密度 /(kg/m³)
0.89	0.48	2.35	24	1.75	2 630

2.4.3　模拟和监测方案

2.4.3.1　工作面开采过程沿空留巷围岩应力变化特征模拟过程和监测方案

　　本模拟共涉及四个工作面的开采,先后为 30203 保护层工作面、3203 工作面、30205 保护层工作面和 3205 工作面。开采前,首先掘进待留设巷道(3203 材料巷),巷道宽度为 5.0 m,高度为 3.0 m。然后进行 30203 保护层工作面的分步开采,合计推进长度为 240 m。在 3203 工作面开采过程中,滞后工作面进行留巷,巷旁支护体宽度为 2.5 m。模型在每一次开采运算至平衡后再进行下一步的开采,主要分析工作面开采过程中留巷围岩应力场变化特征。

在 3205 工作面内,且距 3203 留巷煤壁侧 3 m 位置的 2# 煤层表面布置应力监测线,在该监测线内设置 52 个监测点,第 1 号监测点和第 52 号监测点均距模型边界 5 m,其他相邻监测点之间的距离为 10 m,如图 2-23 所示,模拟分析不同工作面开采,以及同一工作面开采不同范围时围岩内监测点垂直应力的变化特征,进而综合研究工作面开采过程中沿空留巷围岩的应力变化特征。

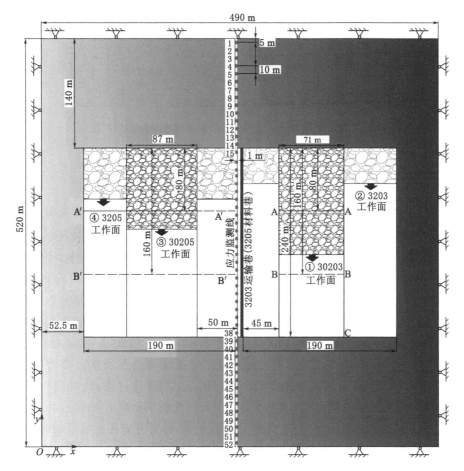

图 2-23　工作面开采顺序和开采过程沿空留巷围岩应力监测方案

2.4.3.2　工作面开采过程沿空留巷围岩位移变化特征模拟过程和监测方案

本模拟共涉及四个工作面的开采,先后为 30203 保护层工作面、3203 工作面、30205 保护层工作面和 3205 工作面;主要模拟 30203 工作面开采和 3205 工作面开采过程超前工作面最大采动应力集中系数以及 3203 工作面和 30205 工作面回采过程滞后最大采动应力集中系数条件下回采巷道围岩的变形量和塑性区扩展范围。工作面开采过程中沿空留巷围岩应力监测方案如图 2-24 所示。

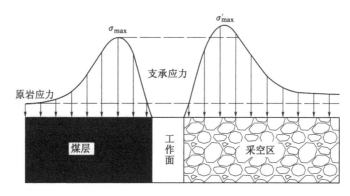

图 2-24　工作面开采过程中沿空留巷围岩应力监测方案

2.4.4　计算结果分析

2.4.4.1　工作面顺序开采过程中留巷前/后巷道围岩的垂直应力变化特征

(1) 3203 运输巷留巷围岩随上覆 30203 工作面开采应力变化特征

在 3205 实体煤中选取距 3203 运输巷煤壁 3 m、间距为 80 m 的 3 个测点作为巷道围岩的应力监测点,随 30203 工作面回采 80 m、160 m 和 240 m 时,测点垂直应力分布如图 2-25 所示,由图可得:① 上覆 30203 工作面开采过程中形成的采动应力对 3203 运输巷围岩有一定影响,随着开采范围增加,巷道围岩承受的应力范围逐步增大,在开采 240 m 范围,监测点最大垂直应力增加到 20.51 MPa,整体影响较显著。② 从不同开采范围巷道围岩垂直应力变化可得,垂直应力经历了先增加后逐步减小并趋于稳定的变化过程,但 30203 工作面影响范围均高于原岩应力值,说明该巷道围岩均受到采动应力影响。

图 2-26 为 30203 工作面不同开采范围下 2# 煤层上表面垂直应力云图,分别提取其中第 19 号、27 号和 35 号监测点进行分析,其距离 OY 边界分别为 80 m、160 m 和 240 m。由图可得:① 随着 30203 工作面开采范围的增加,各监测点垂直应力均同步增加,但总体差别不大;如随着开采范围由 80 m 增加到

240 m 时,19 号监测点垂直应力值由 18.12 MPa 增加到 19.71 MPa,而第 35 号点由 17.33 MPa 增加到 19.72 MPa,两监测点间的变化值差别为 0.8 MPa;② 随着工作面回采,在巷道围岩处形成支承应力带,且随着开采范围增加,采动影响范围持续增大,沿着该支承应力带对应的垂直应力值也越高。

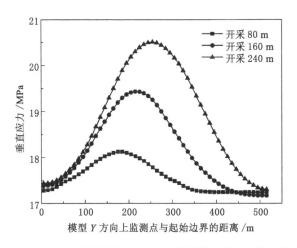

图 2-25　30203 工作面开采对 3203 巷道围岩垂直应力分布的影响

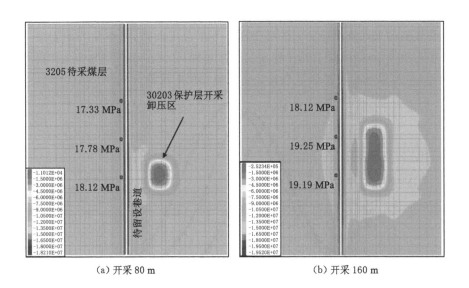

图 2-26　30203 工作面不同开采范围下 2# 煤层上表面垂直应力云图

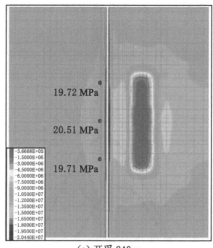

(c) 开采 240 m

图 2-26（续）

(2) 3203 运输巷留巷围岩随 3203 工作面开采应力变化特征

在 30203 工作面开采完成后，随着 3203 工作面回采范围增加，3203 运输巷留巷围岩应力变化特征和垂直应力分布云图分别如图 2-27 和图 2-28 所示。由图可得：① 随着开采范围的增加，巷道围岩最大垂直应力也逐步增加，从开采长度为 80 m 时的 26.21 MPa 增加到开采长度为 240 m 时的 34.71 MPa，留巷围岩承受较高的采动支承应力；② 对于同一开采范围而言，沿空留巷围岩应力仍经历了先增加后减小，最后趋于稳定的变化过程；③ 较 30203、3203 工作面开采过程，3203 运输巷留巷围岩呈现更显著的应力集中现象。

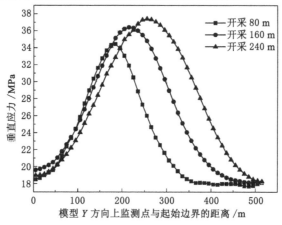

图 2-27　3203 工作面不同开采距离时沿空留巷围岩应力变化特征

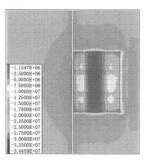

图 2-28　3203 工作面不同推进距离下 2# 煤层平面的垂直应力分布云图

（3）3203 运输巷留巷围岩随 30205 工作面开采应力变化特征

如图 2-29 所示，在 30203 和 3203 工作面开采完成后，开采 30205 工作面过程中，3203 运输巷留巷围岩的垂直应力整体变化过程与开采 30203 和 3203 工作面类似，呈现先增加后减小并趋于稳定的变化过程；其主要区别在于承受的垂直应力值整体较大，最大垂直应力值达到 37.4 MPa。从图 2-30 也可得出：在 30205 工作面开采过程中，在留巷围岩侧应力集中尤为显著，且垂直应力值整体均较大；在此基础上，为了分析 30205 工作面采动过程中高应力特征，沿 30205 工作面推进 240 m 处采场侧向采动应力集中区叠加融合如图 2-31 所示。由图 2-31 可得：30205 工作面开采过程中形成的采动应力场与原 30203 和 3203 工作面采动应力场进行叠加，在 3203 留巷围岩一侧形成较大范围的叠加强采动应力场，另外在充填墙体侧也承受较高的采动应力场，该强烈采动应力场对 3203 运输巷留巷围岩变形破坏具有重要影响。

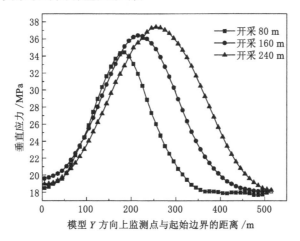

图 2-29　30205 工作面不同开采距离时沿空留巷围岩应力变化特征

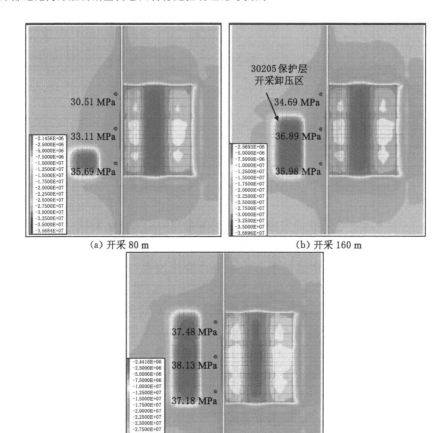

图 2-30　30205 工作面不同推进距离下 2$^\#$ 煤层平面的垂直应力分布云图

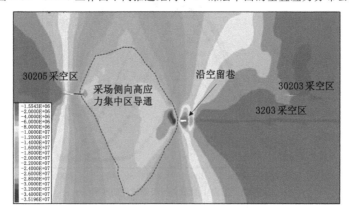

图 2-31　采场侧向采动应力集中区叠加融合

（4）3203 运输巷留巷围岩随 3205 工作面开采应力变化特征

如图 2-32 所示，在 30203、3203 和 30205 工作面开采完成后，开采 3205 工作面过程中超前支承应力值显著，在工作面先后回采 80 m 和 160 m 后，超前支承应力值最大达到 52.13 MPa。由图 2-33 可得：在 3205 工作面开采过程中，不仅超前工作面支承应力值大，而且超前支承应力影响范围也较其他工作面开采时显著增大，这对于 3203 运输巷留巷围岩的稳定性产生较大影响。

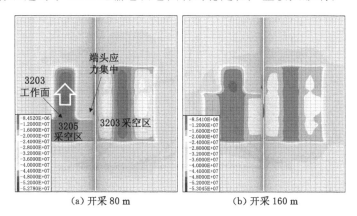

（a）开采 80 m　　　　　　（b）开采 160 m

图 2-32　3205 工作面不同推进距离下 2# 煤层平面的垂直应力分布云图

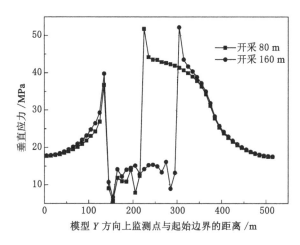

图 2-33　3205 工作面不同开采距离时沿空留巷围岩应力变化特征

2.4.4.2　不同工作面开采对沿空留巷围岩的垂直应力变化特征的综合比较

30203、3203、30205 和 3205 工作面顺序开采且分别开采 80 m 和 160 m 时，3203 运输巷留巷围岩应力变化特征如图 2-34 所示，由图可得：① 随着不同工作面顺序开采,沿空留巷围岩整体承受的垂直应力值和最大垂直应力值均呈现大幅增加趋势,在此以应力集中系数(为最大垂直应力值与原岩应力值的比值)表示,30203、3203、30205 和 3205 工作面顺序开采时,在留巷围岩中应力集中系数分别为 1.31、2.26、2.45 和 3.36,说明大幅度增加的强采动应力对巷道围岩稳定性影响程度也显著增大;② 除了受不同工作面开采因素的影响外,留巷前后围岩应力也呈现显著差别,留巷后围岩应力较留巷前显著增大;③ 随着不同工作面开采范围的增大,留巷围岩的垂直应力值也整体呈现增大趋势。

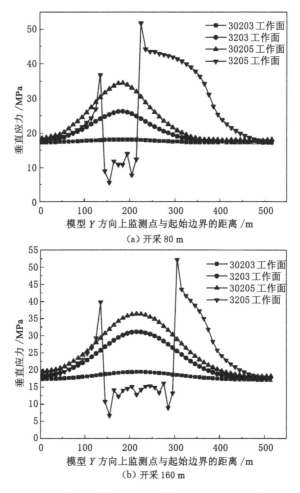

图 2-34 不同工作面开采后 3203 运输巷沿空留巷围岩应力变化特征

2.4.4.3 不同工作面开采时沿空留巷围岩变形特征

(1)留巷围岩最大变形量变化特征

　　根据不同工作面顺序开采后在 3203 运输巷留巷前后围岩中的最大应力集中系数,分别模拟分析不同工作面开采时巷道围岩变形特征。图 2-35～图 2-37 为模拟得出的 3203 运输巷留巷前后围岩的垂直位移和水平位移图,由图可得:3203 运输巷留巷前(30203 工作面开采)顶底板和两帮最大变形值分别为 372.73 mm 和 422.54 mm,在留巷后分别增大至 1 177.4 mm 和 982.78 mm,增长率分别为 215.89% 和 132.59%;在 30205 工作面回采过程中,留巷顶底板和两帮最大变形值分别达到 1 419.42 mm 和 1 053.88 mm,与留巷前相比,增长率分别达到 280.82% 和 149.42%;在 3205 工作面回采过程中,留巷顶底板和两帮最大变形值分别达到 1 781.68 mm 和 1 322.96 mm,与留巷前相比,增长率分别达到 378.01% 和 213.10%,说明从 30203 工作面回采留巷后不同开采阶段,留巷前后围岩整体变形显著,尤其是 3203 工作面回采后,留巷围岩呈现整体破坏,且破坏明显。

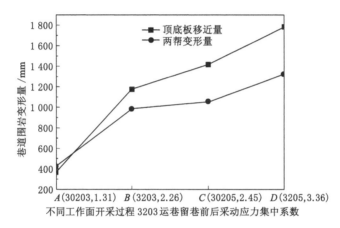

图 2-35　不同开采阶段最大应力集中系数与巷道围岩最大变形量之间的关系

(注:30203、3203、30205、3205 分别代表不同工作面开采,1.31、2.26、2.45、3.36
分别代表相应工作面开采时对应的巷道围岩采动应力集中系数)

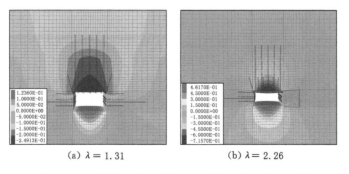

(a) $\lambda = 1.31$　　　　　　　　(b) $\lambda = 2.26$

图 2-36　不同应力集中系数时巷道围岩垂直位移云图

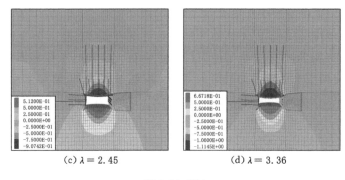

(c) $\lambda = 2.45$ (d) $\lambda = 3.36$

图 2-36（续）

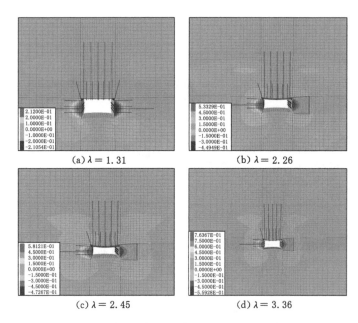

(a) $\lambda = 1.31$ (b) $\lambda = 2.26$

(c) $\lambda = 2.45$ (d) $\lambda = 3.36$

图 2-37　不同应力集中系数时巷道围岩水平位移云图

（2）留巷围岩塑性区分布范围变化特征

根据不同工作面顺序开采后在 3203 运输巷留巷前后围岩中的最大应力集中系数，分别模拟分析不同工作面开采时巷道围岩塑性区分布范围变化特征。

图 2-38 为模拟得出的不同开采阶段所对应采动应力集中系数条件下 3203 运输巷留巷前后围岩塑性区变化特征，由图可得：① 不同开采阶段下留巷围岩主要承受剪应力和拉应力破坏，与留巷前底板主要受剪应力破坏相比，留巷后底板承受拉应力和剪应力的综合作用，对底板影响更显著；② 留巷前围岩塑性破坏范围整体较小，但留巷后随着工作面的顺序开采（30203、3203、30205 和 3205

工作面），留巷围岩塑性区分布范围不断增大，尤其是在 3205 工作面开采时留巷围岩塑性破坏区范围十分显著。

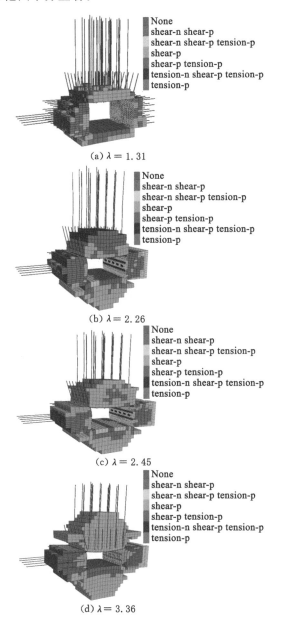

(a) $\lambda = 1.31$

(b) $\lambda = 2.26$

(c) $\lambda = 2.45$

(d) $\lambda = 3.36$

图 2-38　不同开采阶段所对应采动应力集中系数条件下
留巷前后围岩塑性区变化特征

第3章 典型条件沿空留巷
开采覆岩运移演化规律

由于相似材料模拟试验可结合现场生产地质条件,通过在实验室建立相应模型,分析开采条件下岩层移动与矿山压力影响特征等,因而被广泛应用于采矿工程中的岩层移动特征等相关研究。在对中兴煤业近距离煤层群生产地质条件分析的基础上,采用相似材料模拟试验研究方法,建立近距离煤层群保护层与被保护层工作面开采物理模拟模型,在邻近3201工作面开采完成的基础上,研究30203工作面以及3203工作面开采条件下叠加采动应力场与裂隙场的演化特征。

3.1 相似材料模拟试验设计与具体过程

3.1.1 主要设备及器材

试验采用中国安全谷·煤炭安全绿色开采协同创新中心相似材料模拟试验平台,该试验平台由位移和应力监测系统、加载系统和框架系统三部分组成。框架内部空间尺寸为2.5 m(长)×1.5 m(宽)×0.2 m(厚)。该试验平台采用垂直加压,左右框架限制模型水平位移。加载系统由气压泵、气压缸、气压管路和压力表等组成,如图3-1所示。

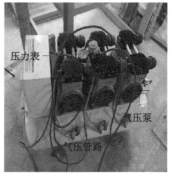

图3-1 试验平台框架与加载系统

应力及位移监测系统主要包括压力盒、电阻应变仪、MatchID 非接触式全场应变测量系统和计算机,可监测工作面开采过程中覆岩的位移和应力值等,如图 3-2 所示,相似材料模拟试验系统布置示意图如图 3-3 所示。

(a) BZ2205C 程控静态电阻应变仪　　　　(b) MatchID 测量系统照相机

图 3-2　试验平台监测系统

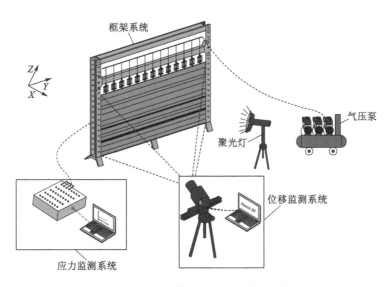

图 3-3　相似材料模拟试验系统布置示意图

3.1.2　模型相似参数设计

相似模拟试验成功与否取决于模型与原型相似条件的满足程度。相似模拟试验通过采用和原型力学性能相似的材料,按照一定的几何比例模拟岩层,并分步进行开采活动,在满足相似的边界及初始条件下,在相应的时期内造成相似的矿山压力现象。在规划模拟试验时,遵守相似条件,按照一般的物理现象相似的要求,模型(″)与原型(′)之间应满足下列基本相似条件:

（1）几何相似

$$\frac{l_1'}{l_1''} = \frac{l_2'}{l_2''} = \cdots = c_l \tag{3-1}$$

（2）运动相似

$$\frac{t_1'}{t_1''} = \frac{t_2'}{t_2''} = \cdots = c_t = \sqrt{c_l} \tag{3-2}$$

（3）应力相似

$$c_p = c_r c_l \tag{3-3}$$

其中:c_r 为容重比。

（4）动力相似

$$F = m\frac{\mathrm{d}v}{\mathrm{d}t} \ , \ \frac{m_1'}{m_1''} = \frac{m_2'}{m_2''} = \cdots = c_m = c_r c_l^3 \tag{3-4}$$

（5）外力相似

$$c_F = c_r c_l^3 \tag{3-5}$$

（6）时间相似

$$\alpha_t = \frac{t_n}{t_m} = \sqrt{\alpha} \tag{3-6}$$

式中　t_n——现场实际工作所用时间;

　　　t_m——模型上工作所需用的时间。

结合相似材料模拟中相似比条件以及 3201、30203、3203 工作面生产地质条件,计算相似材料试验模型各类相似比,得到模型基本参数,如表 3-1 所示。

表 3-1　相似材料模拟试验基本参数表

项目	参数	项目	参数
模型类型	二维平面	开挖距离/m	2.47
模型长度/m	2.5	开挖步数	47
模型开挖厚度/cm	0.9/1.4	单次开挖尺寸/cm	5
模型高度/m	1.50	时间比	1∶7
煤层高度/cm	0.9/1.4	上部载荷/MPa	0.059
几何比	1∶150	开挖时间/h	24

表 3-1（续）

项目	参数	项目	参数
容重比	1∶1.67	单次开挖时间/h	0.5
应力比	1∶250.5		

3.1.2.1　相似材料模型各层材料配比

以中兴煤业 3203 工作面为基础建立二维相似模型,模型包括煤层直接底至上层砂质泥岩上方覆岩,共 39 层,模型比例为 150∶1,尺寸为 2.5 m×0.2 m×1.5 m。相似材料模拟煤岩层力学性能参数见表 3-2;物理相似模拟材料配比参数见表 3-3,铺设而成的试验模型如图 3-4 所示。

表 3-2　相似材料模拟煤岩层力学性能参数

序号	岩性	模拟厚度/cm	抗压强度/MPa	模拟强度/kPa
1	泥岩	0.9	34.11	136.17
2	细粒砂岩	4.8	59.17	236.21
3	砂质泥岩	3.2	29.38	117.29
4	泥岩	7.5	34.11	136.17
5	细粒砂岩	4.9	59.17	236.21
6	泥岩	7.6	34.11	136.17
7	粉砂岩	2.7	74.23	296.33
8	砂质泥岩	5.1	29.38	117.29
9	泥岩	17.0	34.11	136.17
10	细粒砂岩	1.6	59.17	236.21
11	泥岩	11.8	34.11	136.17
12	中粒砂岩	1.4	75.32	300.68
13	泥岩	5.6	34.11	136.17
14	细粒砂岩	1.7	59.17	236.21
15	泥岩	4.4	34.11	136.17
16	中粒砂岩	5.8	75.32	300.68
17	泥岩	1.4	34.11	136.17
18	细粒砂岩	4.1	59.17	236.21
19	泥岩	3.8	34.11	136.17
20	砂质泥岩	7.4	29.38	117.29

表 3-2（续）

序号	岩性	模拟厚度/cm	抗压强度/MPa	模拟强度/kPa
21	泥岩	3.9	34.11	136.17
22	细粒砂岩	1.4	59.17	236.21
23	泥岩	7.0	34.11	136.17
24	细粒砂岩	2.9	59.17	236.21
25	泥岩	4.8	34.11	136.17
26	细粒砂岩	1.3	59.17	236.21
27	泥岩	5.1	34.11	136.17
28	02#煤	0.9	9.82	39.20
29	泥岩	1.7	34.11	136.17
30	中粗粒砂岩	1.7	75.32	300.68
31	泥岩	2.9	34.11	136.17
32	2#煤	1.4	9.82	39.20
33	中粒砂岩	0.8	75.32	300.68
34	砂质页岩	1.2	29.38	117.29
35	4#煤	1.5	9.82	39.20
36	细粒砂岩	1.8	59.17	236.21
37	5#煤	1.0	9.82	39.20
38	砂质泥岩	2.0	29.38	117.29
39	泥岩	4.0	34.11	136.17
合计		150.0		

表 3-3　物理相似模拟材料配比参数

序号	岩性	总干质量/kg	砂子/kg	碳酸钙/kg	石膏/kg	水/kg	厚度/cm	累计厚度/cm
1	泥岩	6.75	5.91	0.25	0.59	0.75	0.9	150.0
2	细粒砂岩	36.00	28.80	2.16	5.04	4.00	4.8	149.1
3	砂质泥岩	24.00	18.00	4.20	1.80	3.43	3.2	144.3
4	泥岩	56.25	49.22	2.11	4.92	6.25	7.5	141.1
5	细粒砂岩	36.75	29.40	2.21	5.14	4.08	4.9	133.6
6	泥岩	57.00	49.88	2.14	4.98	6.33	7.6	128.7
7	粉砂岩	20.25	15.19	1.52	3.54	2.89	2.7	121.1

表 3-3（续）

序号	岩性	总干质量 /kg	砂子 /kg	碳酸钙 /kg	石膏 /kg	水 /kg	厚度 /cm	累计厚度 /cm
8	砂质泥岩	38.25	28.69	6.69	2.87	5.46	5.1	118.4
9	泥岩	127.50	111.56	4.78	11.16	14.17	17.0	113.3
10	细粒砂岩	12.00	9.60	0.72	1.68	1.33	1.6	96.3
11	泥岩	88.50	77.44	3.32	7.74	9.83	11.8	94.7
12	中粒砂岩	10.50	7.88	0.78	1.84	1.50	1.4	82.9
13	泥岩	42.00	36.75	1.58	3.67	4.67	5.6	81.5
14	细粒砂岩	12.75	10.20	0.77	1.78	1.42	1.7	75.9
15	泥岩	33.00	28.88	1.23	2.89	3.67	4.4	74.2
16	中粒砂岩	43.50	32.63	3.26	7.61	6.21	5.8	69.8
17	泥岩	10.50	9.19	0.39	0.92	1.17	1.4	64.0
18	细粒砂岩	30.75	24.60	1.84	4.31	3.42	4.1	62.6
19	泥岩	28.50	24.94	1.07	2.49	3.17	3.8	58.5
20	砂质泥岩	55.50	41.63	9.71	4.16	7.93	7.4	54.7
21	泥岩	29.25	25.59	1.10	2.56	3.25	3.9	47.3
22	细粒砂岩	10.50	8.40	0.63	1.47	1.17	1.4	43.4
23	泥岩	52.50	45.94	1.97	4.59	5.83	7.0	42.0
24	细粒砂岩	21.75	17.40	1.31	3.04	2.42	2.9	35.0
25	泥岩	36.00	31.50	1.35	3.15	4.00	4.8	32.1
26	细粒砂岩	9.75	7.80	0.59	1.36	1.08	1.3	27.3
27	泥岩	38.25	33.47	1.43	3.35	4.25	5.1	26.0
28	02#煤	6.75	5.91	0.59	0.25	0.75	0.9	20.9
29	泥岩	12.75	11.16	0.48	1.11	1.42	1.7	20.0
30	中粗粒砂岩	12.75	9.56	0.96	2.23	1.82	1.7	18.3
31	泥岩	21.75	19.03	0.82	1.90	2.42	2.9	16.6
32	2#煤	10.50	9.19	0.92	0.39	1.17	1.4	13.7
33	中粒砂岩	6.00	4.50	0.45	1.05	0.86	0.8	12.3
34	砂质页岩	9.00	6.75	1.58	0.67	1.29	1.2	11.5
35	4#煤	11.25	9.85	0.98	0.42	1.25	1.5	10.3
36	细粒砂岩	13.50	10.80	0.81	1.89	1.90	1.8	8.8
37	5#煤	7.50	6.56	0.66	0.28	0.83	1.0	7.0

表 3-3（续）

序号	岩性	总干质量/kg	砂子/kg	碳酸钙/kg	石膏/kg	水/kg	厚度/cm	累计厚度/cm
38	砂质泥岩	15.00	11.25	2.63	1.12	2.14	2.0	6.0
39	泥岩	30.00	26.25	1.13	2.62	3.33	4.0	4.0
	合计	1 125.00	941.30	71.12	112.58			

图 3-4　近距离煤层群保护层与被保护工作面开采物理模拟试验模型

3.1.2.2　充填墙体相似材料选择

根据煤矿井下沿空留巷充填墙体的强度测试结果，选定充填体强度为 10.36 MPa，根据应力相似比 250.5∶1，计算得到模拟强度为 41.36 kPa。巷帮充填体体积 $V=1.7\ cm\times1.7\ cm\times20\ cm=57.8\ cm^3=5.78\times10^{-5}\ m^3$，并计算得出砂子、碳酸钙、石膏和水的质量，见表 3-4。根据巷帮充填体砂子、碳酸钙、石膏和水的质量比例配置混合材料，将搅拌均匀的材料放置于预先准备好的充填模型中，充填结构模具以及充填结构示意图分别如图 3-5 和图 3-6 所示。自然干燥后，充填体试件如图 3-7 所示，可以取出用于试验。

表 3-4　巷帮充填体材料配比

编号	总干质量/kg	砂子/kg	碳酸钙/kg	石膏/kg	水/kg
1	0.144 5	0.126 4	0.014 45	0.003 6	0.020 6

图 3-5　充填结构模具

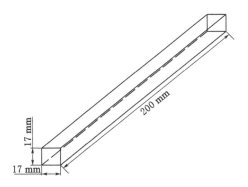

图 3-6　充填结构示意图

图 3-7　充填体试件

3.1.3　监测元件布置

3.1.3.1　应力监测

在相似材料模型中模拟的保护层与被保护层开采主要影响区域布置应力盒,可对工作面回采过程中覆岩应力变化进行监测,采用 BZ2205C 程控静态电阻应变仪进行采集和记录,应力盒共 27 个,模型监测点分布如图 3-8 所示。

3.1.3.2　位移监测

采用 MatchID 非接触式全场应变测量系统对模型中位移变化值进行监测和分析,监测物理模型的变形量步骤主要为:

（1）以高分辨率相机在固定角度每隔一段时间进行拍照;

（2）通过图像捕捉分析软件对各测点或测线位移进行计算分析。

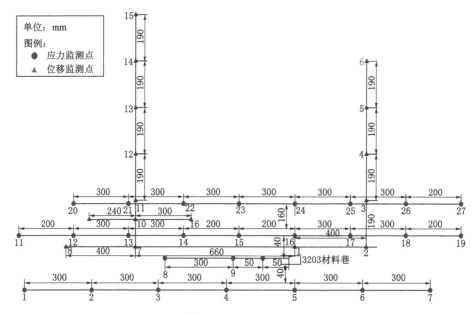

图 3-8　模型监测点分布示意图

位移监测所用仪器为高速摄像头、笔记本电脑、分析软件等组成的 MatchID 非接触式全场应变测量系统,如图 3-9 所示。

图 3-9　MatchID 非接触式全场应变测量系统

3.1.4　具体试验过程

模型制作过程中,通过材料配置、均匀搅拌、摊铺找平、元件埋设、压密夯实、分层布置、封顶与拆模、模型晾干等工序后,需要进行散斑涂点,如图 3-10 所示。

位移监测所使用的 MatchID 非接触式全场应变测量系统需要在模型表面制造足够多的黑色散斑点,主要通过在干燥完毕后的模型正面涂上白色涂料,待涂料干燥后在其上涂黑色无规则小点,以利于接触式全场应变测量系统的监测和分析。

① 材料配置　　② 均匀搅拌　　③ 摊铺找平

④ 元件埋设　　⑤ 压密夯实　　⑥ 云母分层

⑦ 模型封装　　⑧ 拆模晾干　　⑨ 散斑描点

图 3-10　模型制作步骤

模型中回采巷道及工作面的分步开挖步骤描述如下:对顶板进行分级加载,每次加载 20 kPa,间隔 15 min,直至达到原岩应力;开挖 3201 巷道;开采 3201 工作面,3201 工作面开采起始点距模型右边界 23.6 cm,首次开挖 10 cm,紧接着每次开挖 5 cm,间隔 30 min,从 9:40 开始开挖,至 16:50 结束,开采长度为 80 cm;3201 工作面开挖完毕后安装预制充填墙体;开挖 30203 工作面回采巷道;开采 30203 工作面,开采起始点距模型左边界47.4 cm,每次开挖 5 cm,间隔 30 min,从 17:20 开始开挖,至 22:10 开挖结束,开采长度为 47.3 cm;然后开采 3203 工作面,开采起始点距模型左边界23.6 cm,首次开挖 10 cm,接着每次开挖 5 cm,间隔 30 min,从 9:05 开始开挖,至 21:05 结束,开采长度为 120 cm,完成试验。模型中回采巷道及工作面的分步开挖如图 3-11 所示。

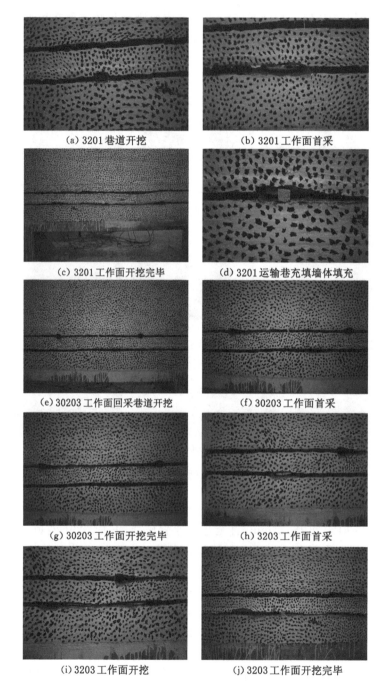

(a) 3201巷道开挖

(b) 3201工作面首采

(c) 3201工作面开挖完毕

(d) 3201运输巷充填墙体填充

(e) 30203工作面回采巷道开挖

(f) 30203工作面首采

(g) 30203工作面开挖完毕

(h) 3203工作面首采

(i) 3203工作面开挖

(j) 3203工作面开挖完毕

图 3-11　模型中回采巷道及工作面的分步开挖

3.2　保护层与被保护层工作面开采覆岩响应特征

3.2.1　工作面开采过程覆岩位移演化特征

3.2.1.1　邻近 3201 工作面和 30203 工作面覆岩位移特征

通过对监测得出的试验数据进行统计分析,得出 3201 和 30203 工作面开采后顶板的位移变化,其中 3201 工作面开采阶段为 S_1,30203 工作面开采阶段为 S_2,3203 工作面开采阶段为 S_3。模型中位移测点布置如图 3-12 所示,试验过程中覆岩位移变化如图 3-13～图 3-16 所示。

图 3-12　模型中位移测点布置图

根据 3201 工作面和 30203 工作面开采过程覆岩垂直位移变化监测结果(图 3-13),可以得出:

(1)随着 3201 工作面以及 30203 工作面的开采,岩层位移变化总体比较显著,根据模型中 16 个测点的位移变化情况可知,最大位移为 10.39 mm,对应测点 2。

(2)开挖结束后在 3201 工作面以及 30203 工作面上方分别形成若干拱形位移云图,位移数值由拱形下方至上方依次增大,但 3201 工作面和 30203 工作面岩层位移变化相互影响小。

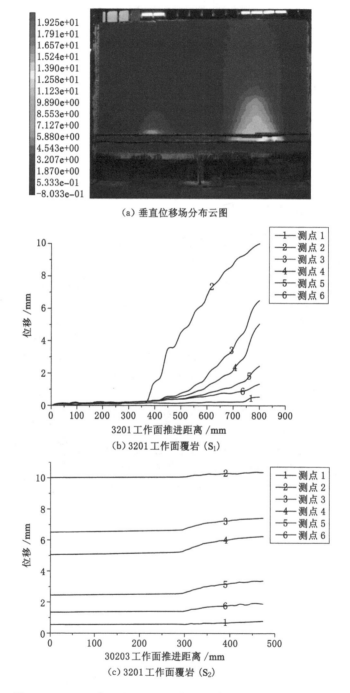

（a）垂直位移场分布云图

（b）3201 工作面覆岩（S_1）

（c）3201 工作面覆岩（S_2）

图 3-13　3201 工作面和 30203 工作面开采过程覆岩垂直位移变化

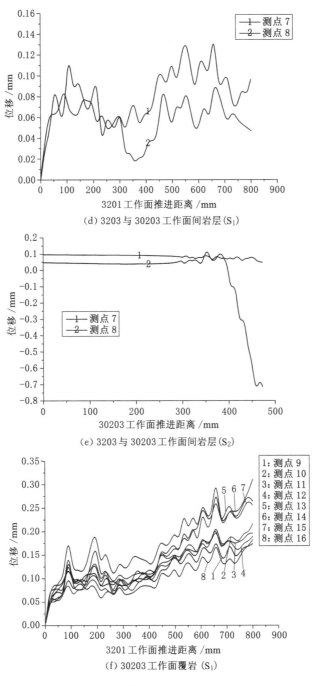

(d) 3203 与 30203 工作面间岩层(S$_1$)

(e) 3203 与 30203 工作面间岩层(S$_2$)

(f) 30203 工作面覆岩 (S$_1$)

图 3-13（续）

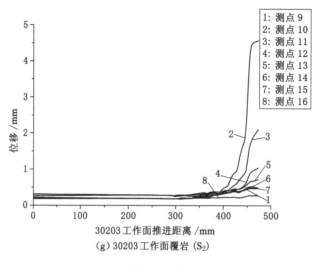

（g）30203 工作面覆岩（S_2）

图 3-13（续）

（3）3201 工作面开采初期上覆岩层位移变化较小，1～6 测点的垂直位移快速增加，说明开挖空间增大到一定值后，岩层位移随着开挖空间的增大继续增加，垂直位移变化显著，但对远离该工作面的 7～16 位移测点影响较小。

（4）30203 工作面回采过程中，已开采完成的 3201 工作面上覆 1～6 测点位移变化影响较小，垂直位移变化近似趋于稳定，而这与前期 3201 工作面回采时的变化过程形成强烈对比；与此同时，在 30203 工作面上覆的 9～16 测点垂直位移变化较大，尤其是测点 10，最大垂直位移量达 4.56 mm，但由于煤层厚度较薄，开采过程中对覆岩垂直位移的影响程度小于 3201 工作面开采对覆岩位移的影响程度。

（5）在 30203 工作面开采过程中，底板岩层 7～8 测点垂直位移过程有差别明显，位于工作面正下方的测点 7 垂直位移有小幅变化，而邻近的测点 8 与测点 7 相比，变化更剧烈，说明保护层开采过程中底板侧向出现底鼓，在开采初期不明显，但随着开挖空间的扩大，垂直位移呈现不断增大的趋势。

根据 3201 工作面和 30203 工作面开采过程覆岩水平位移变化监测结果（图 3-14）可以得出：

（1）水平位移主要反映工作面开采过程中岩层间错动变化情况，与岩层垂直位移相比，水平位移值总体较小；从水平位移场分布云图可以看出，与 30203 工作面比较，3201 工作面上覆岩层变化更显著；随着 3201 工作面的开采，工作面正上方覆岩 2～6 测点变化显示，水平位移总体呈现增加→减小→增加→减小→增加的过程，且数值整体呈现增大趋势。另外，除了靠近 3201 工作面的测

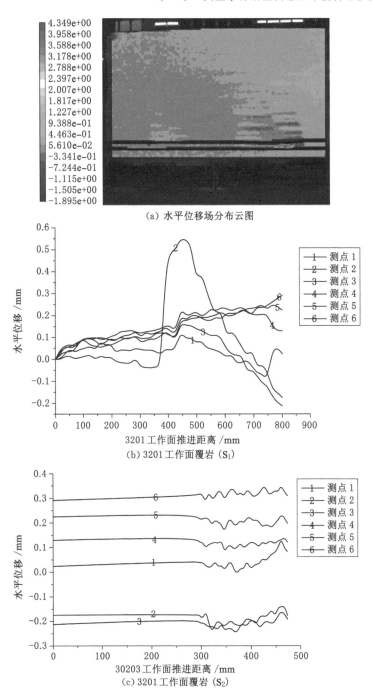

（a）水平位移场分布云图

（b）3201 工作面覆岩（S_1）

（c）3201 工作面覆岩（S_2）

图 3-14　3201 工作面和 30203 工作面开采过程覆岩水平位移变化

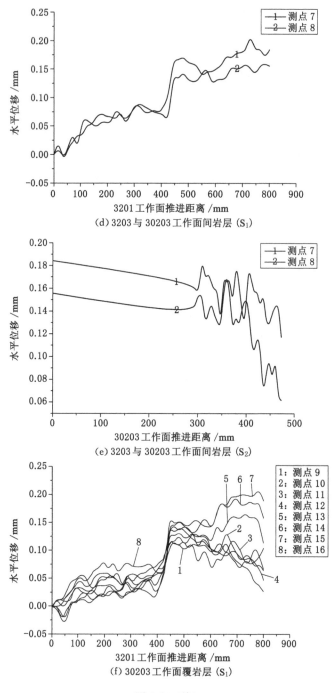

(d) 3203 与 30203 工作面间岩层 (S_1)

(e) 3203 与 30203 工作面间岩层 (S_2)

(f) 30203 工作面覆岩层 (S_1)

图 3-14 (续)

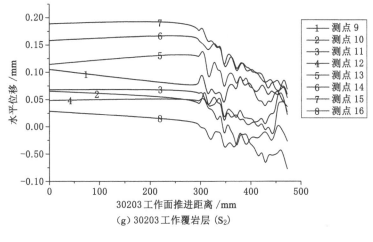

（g）30203 工作覆岩层（S_2）

图 3-14（续）

点 2 变化程度较剧烈外,其他测点整体变化数值较小。

（2）随着 3201 工作面开采完成,与岩层垂直位移变化出现明显区别的特征为该工作面上覆 2～6 测点最终水平位移变化并非朝向同一方向,朝向相反方向的情况也存在。

（3）随着 30203 保护层工作面的开采,该工作面上覆 9～16 测点以及底板岩层 7～8 测点水平位移值变化较小,呈现锯齿形变化过程。

3.2.1.2　3203 工作面覆岩位移特征

根据 3203 工作面开采过程覆岩垂直位移变化监测结果（图 3-15）可以得出：

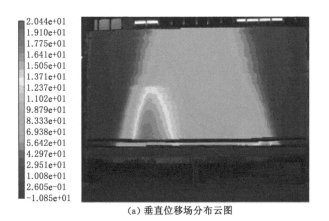

（a）垂直位移场分布云图

图 3-15　3203 工作面开采过程覆岩垂直位移变化（S_3）

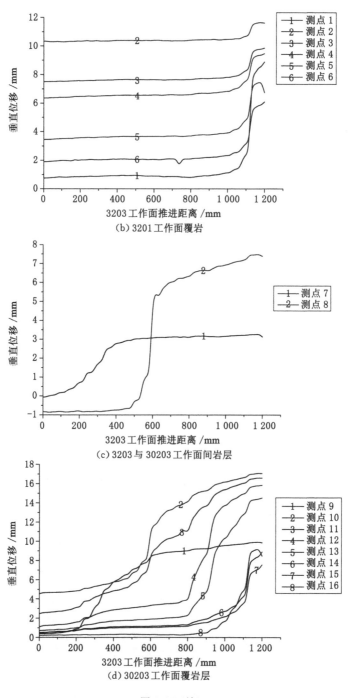

(b) 3201 工作面覆岩

(c) 3203 与 30203 工作面间岩层

(d) 30203 工作面覆岩层

图 3-15（续）

（1）将该垂直位移场分布云图与图 3-13(a)进行比较,可明显看出垂直位移整体变化值更大,影响范围更广(3201 工作面、30203 工作面和 3203 工作面覆岩位移变化岩层范围联结起来),尤其是 30203 工作面与 3203 工作面覆岩垂直位移出现相互叠加效应。

（2）3203 工作面开采过程中,由于邻近 3201 工作面采空区上覆岩层前期已逐步形成稳定结构,影响不明显,直至 3203 工作面开挖至一定范围,上覆岩层结构出现整体变化,3201 工作面上覆的 2～6 测点位移急剧增加,变化最剧烈的为沿空留巷上覆岩层中测点 1 的位移,从 0.75 mm 急剧增加到 8.87 mm。

（3）随着 3203 工作面的持续开采,上覆不同位置的测点垂直位移变化特征出现较大差别。对于位于 3203 和 30203 工作面之间的测点 7 和 8,且测点 7 位于 30203 工作面正下方,3203 工作面开采初期对测点 7 垂直位移变化有一定影响,但开采到一定阶段后,垂直位移值近似保持不变,说明采空区前期开采泄压,对于下方工作面开采矿压显现有积极效果;而测点 8 较测点 7 垂直位移变形更显著,最大垂直位移是测点 7 的 2.3 倍。

（4）30203 工作面上覆岩层中测点的位移,随着 3203 工作面的回采,整体呈现先平稳增加后快速增大的变化趋势;但各测点变化也存在一定差别,对于靠近 30203 工作面较近的测点,如测点 10 和 11,相比于较远的测点 14 和 15,总体变化更趋显著。另外,与图 3-13(d)相比较,可以看出由于 3203 工作面的回采,各测点垂直位移均远大于仅受 30203 工作面开采影响时的情况。

根据 3203 工作面开采过程覆岩水平位移变化监测结果(图 3-16)可以得出:

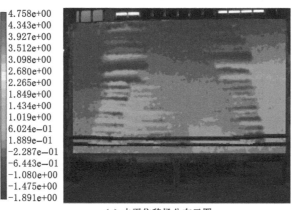

（a）水平位移场分布云图

图 3-16 3203 工作面开采过程覆岩水平位移变化(S_3)

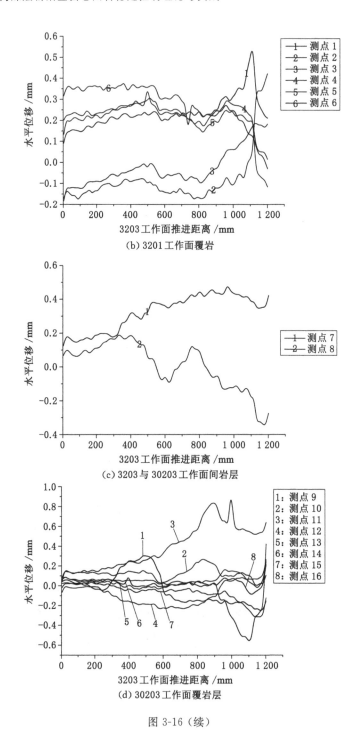

(b) 3201工作面覆岩

(c) 3203与30203工作面间岩层

(d) 30203工作面覆岩层

图 3-16（续）

（1）从 3203 工作面开采完成后的水平位移场分布云图可以看出，3201 和 3203 工作面上覆岩层水平位移范围大，说明开采完成后工作面上覆各岩层均受到扰动。

（2）随着 3203 工作面的开采，上覆岩层测点水平位移较 30203 工作面开采时明显增大，说明 3203 工作面开采过程中不仅引起上覆岩层垂直位移显著增大，而且对水平位移也有明显影响。

（3）3203 工作面回采过程中 30203 工作面底板测点 7 和 8 水平位移整体变化，较 30203 工作面开采时明显增大，但总变化值不大。

3.2.2 工作面开采过程覆岩裂隙演化特征

3.2.2.1 邻近 3201 工作面覆岩裂隙发育特征

由图 3-17 分析可知，3201 工作面开挖初期顶板裂隙较少，工作面覆岩基本稳定；工作面第 7 次开挖时 3201 采空区上覆岩层弯曲下沉，且岩层间出现离层，并伴随有小裂隙发育；随着工作面继续推进，覆岩裂隙发育高度大幅度增加，并随着采空区顶板岩层阶段性弯曲下沉以及范围的扩大，靠近采空区覆岩裂隙由张开转为闭合，裂隙发育高度进一步增加；当工作面开挖完毕时，覆岩裂隙发育高度达到最大值 67 m 左右，如图 3-18 所示，此后裂隙发育趋于稳定，裂隙发育高度不再增大。

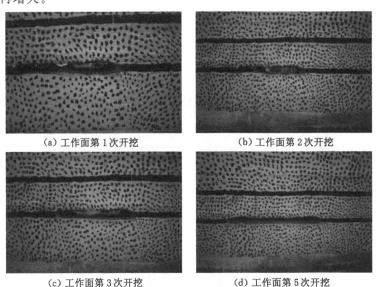

（a）工作面第 1 次开挖　　　　　　　（b）工作面第 2 次开挖

（c）工作面第 3 次开挖　　　　　　　（d）工作面第 5 次开挖

图 3-17　3201 工作面开采过程覆岩裂隙发育特征

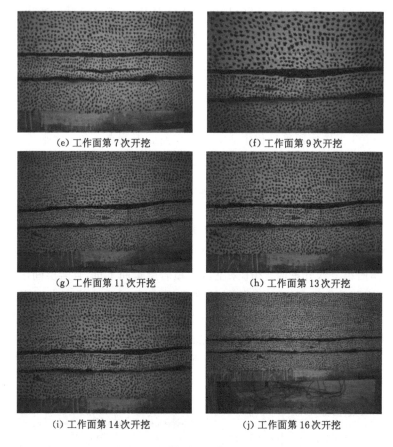

(e) 工作面第 7 次开挖　　　　　　(f) 工作面第 9 次开挖

(g) 工作面第 11 次开挖　　　　　　(h) 工作面第 13 次开挖

(i) 工作面第 14 次开挖　　　　　　(j) 工作面第 16 次开挖

图 3-17（续）

图 3-18　3201 工作面裂隙分布

3.2.2.2 30203 工作面覆岩裂隙发育特征

3201 工作面开采结束后,对 30203 工作面进行开采,回采过程中上覆岩层裂隙发育特征如图 3-19 所示。

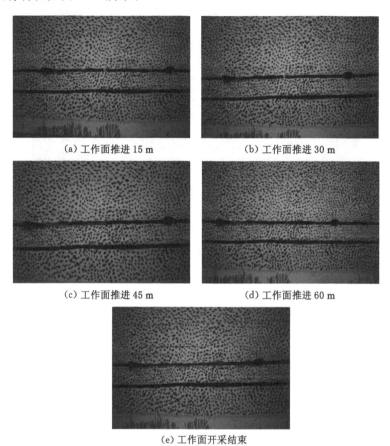

(a) 工作面推进 15 m   (b) 工作面推进 30 m

(c) 工作面推进 45 m   (d) 工作面推进 60 m

(e) 工作面开采结束

图 3-19 30203 工作面开采过程覆岩裂隙发育特征

由图 3-19 可见,30203 工作面开采初期,工作面覆岩顶板裂隙较少;随着工作面持续推进,覆岩中裂隙逐渐产生,数量不断增多,且发育高度也不断增加;当工作面开挖完毕时,与 3201 工作面相比,覆岩裂隙发育高度明显较小,而这与 30203 工作面开采煤层的厚度以及工作面尺寸密切相关。总体而言,30203 工作面开采过程中矿压显现程度弱于 3201 工作面,30203 工作面开采结束后的覆岩裂隙分布如图 3-20 所示。

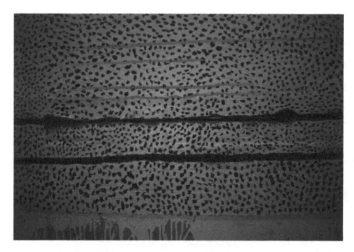

图 3-20   30203 工作面裂隙分布

3.2.2.3   3203 工作面覆岩裂隙发育特征

3201 和 30203 工作面先后开采完毕后,对 3203 工作面进行回采,主要研究在邻近工作面开采以及上覆保护层工作面开采完成的基础上,3203 工作面推进过程中上覆岩层裂隙变化特征。

由图 3-21 分析可得:在 3203 工作面回采初期,工作面覆岩裂隙发育较少;工作面推进 70 m 时覆岩中出现两条明显的离层带,且伴随裂隙发育,采空区覆岩层呈阶段式弯曲下沉;随着工作面的继续推进,覆岩裂隙发育高度进一步增大,远大于单一的 3201 工作面和 30203 工作面开采时裂隙发育高度,而且使得邻近 3201 采空区上覆岩层裂隙高度明显增大;另外,靠近采空区覆岩层裂隙逐渐闭合,当工作面开挖完毕时,3203 工作面覆岩裂隙发育高度达 180 m 左右,且裂隙分布范围较广,如图 3-22 所示。

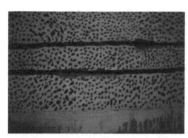
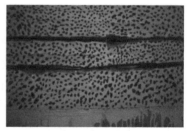

(a) 工作面推进 40 m   (b) 工作面推进 70 m

图 3-21   3203 工作面开采过程覆岩裂隙发育特征

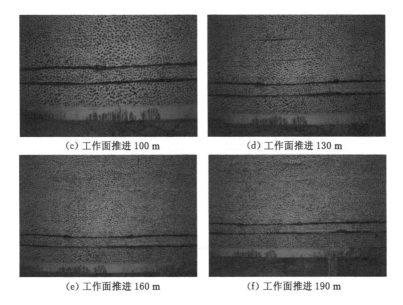

(c) 工作面推进 100 m　　　　(d) 工作面推进 130 m

(e) 工作面推进 160 m　　　　(f) 工作面推进 190 m

图 3-21（续）

图 3-22　3203 工作面裂隙分布

3.2.3　工作面开采过程覆岩应力演化特征

3.2.3.1　邻近 3201 工作面和 30203 工作面覆岩应力特征

根据 3201 和 30203 工作面开采过程覆岩应力变化监测结果（图 3-23）可以得出：

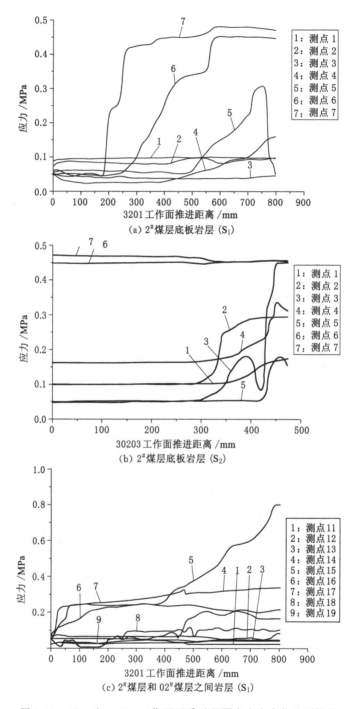

图 3-23　3201 和 30203 工作面开采过程覆岩应力变化监测结果

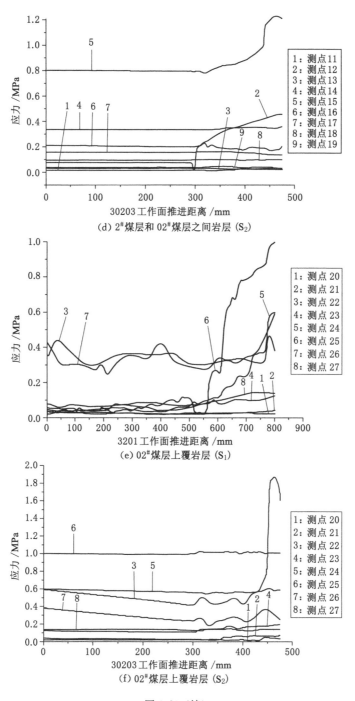

(d) 2#煤层和 02#煤层之间岩层 (S₂)

(e) 02#煤层上覆岩层 (S₁)

(f) 02#煤层上覆岩层 (S₂)

图 3-23（续）

(1) 随着 3201 工作面和 30203 工作面顺序开采,布置在 2# 煤层底板的 1~7 测点变化过程差异较大,其中位于 3201 工作面正下方的测点 6 和测点 7 呈现先平稳变化,后快速增加,再平稳变化的过程。这主要是受 3201 工作面开采的影响,初期开采影响较小,随着开采范围的增加,采动应力增幅显著,而当 30203 工作面开采时,由于距离较远,对测点 6 和测点 7 应力变化影响较小。测点 5 处于 3203 材料巷底板岩层中,不仅受到 3201 工作面开采影响,在 30203 工作面开采时,也出现二次增加现象。

(2) 模型中 2# 煤层和上方 02# 煤层间岩层中的应力监测点为 11~19 测点。从 3201 和 30203 工作面顺序开采过程中各测点的应力变化可知,除了 12~15 测点应力变化相对较剧烈外,其他测点总体变化范围较小。

(3) 保护层主采煤层 02# 煤上覆岩层应力监测点为 20~27 测点,如图 3-23(e)所示,除测点 22、24、25 和 26 外,其他测点应力变化较平稳,且变化范围较小。测点 22 在前期 3201 工作面回采时变化较平缓,在 30203 工作面回采过程中,应力变化较大,最大应力值为 1.86 MPa。而测点 24 位于 3203 材料巷正上方,3201 工作面开采前期应力变化不显著,开采到一定程度时,应力呈现快速增加的变化趋势,并在 30203 工作面回采过程中呈现小幅度波动变化。与测点 24 类似,测点 25、26 主要表现在 3201 工作面回采至一定阶段,上覆岩层位移出现较大变化,而对应的应力值呈现快速增加过程,尤其是测点 25 变化明显。

3.2.3.2　3203 工作面覆岩应力特征

根据 3203 工作面开采过程覆岩应力变化监测结果(图 3-24)可以得出:

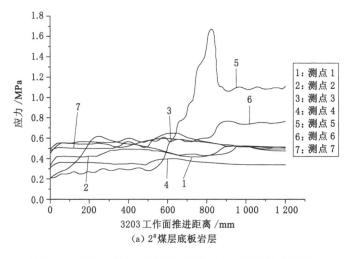

(a) 2# 煤层底板岩层

图 3-24　3203 工作面开采过程覆岩应力变化监测结果(S_3)

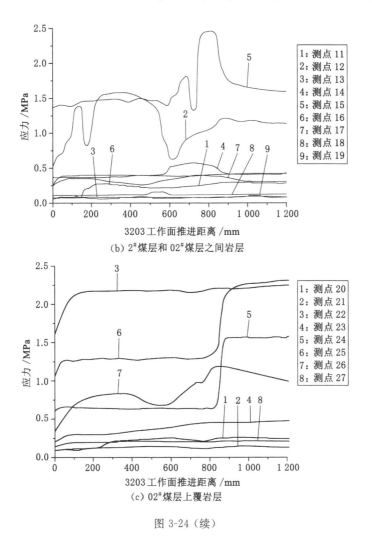

（b）2#煤层和 02#煤层之间岩层

（c）02#煤层上覆岩层

图 3-24（续）

（1）随着 3203 工作面回采，2#煤层底板岩层中应力除测点 5 外，其他测点应力值不明显。由于 3201 工作面回采，3203 材料巷受到一次采动应力影响，而 3203 工作面再次开采，形成应力叠加，在巷道底板应力值明显增大，最大值达到 1.6 MPa。

（2）对于 2# 和 02# 煤层之间岩层应力变化情况，在 3203 工作面回采过程中，除了测点 12、15 外，其他测点应力变化都较小，而测点 12 位于 3203 工作面和 30203 工作面间侧向岩层，呈现增加→降低→增加→降低→增加→平稳变化过程，说明受工作面回采影响显著；测点 15 在 3203 工作面开采初期影响不明显,但整体应力值偏大,开采到一定阶段后,应力出现两次快速增加和降低的变化过程,说明 3203 工作面采空区上覆岩层应力随岩层位移变化而不断变化。

(3) 对于 02# 煤层上覆岩层而言,除了测点 22、24、25 和 26 外,其他测点应力变化不明显。其中测点 24 埋设于 3203 材料巷正上方覆岩中,在 3203 工作面开挖初期应力值变化较小,而当开采到一定范围时,应力值出现急剧增加,并持续平稳保持该应力值;测点 22 受 30203 工作面和 3203 工作面采动作用,整体应力值较大;测点 25 出现两次快速增加的变化过程;测点 26 随 3203 工作面开采,应力值呈现缓慢增加和降低的变化过程,3203 工作面开挖前后其整体变化相差不明显。

第 4 章 切顶锚注一体化沿空留巷围岩控制方法

4.1 切顶锚注一体化技术基本原理

深部近距离煤层群沿空留巷围岩在服务过程中主要表现为支护结构的大范围破坏和围岩大变形,其根源是留巷后承受的强采动应力以及软弱岩层顶板特性。切顶锚注一体化技术主要是结合深部近距离煤层沿空留巷围岩的破坏特征而开发的,主要包括水力致裂切顶技术、注浆锚索支护技术以及两者的关联技术。

图 4-1 为深部近距离煤层群下层工作面开采过程沿空留巷覆岩层和围岩变形示意图,未采用切顶锚注一体化技术时,如图 4-1(a)所示,在工作面回采过程中,超前支护区域巷道顶板裂隙发育,浅部岩层碎裂,顶板整体下沉和离层显著;另外,留巷过程中上覆起主要作用的坚硬岩层悬顶长度大,不利于保障充填墙体和留巷围岩的稳定性;采用切顶锚注一体化技术时,如图 4-1(b)所示,主要体现为三方面作用原理:

一是水力致裂切顶原理体现为:① 减小留巷过程中巷道围岩强采动应力作用;② 降低上覆保护层开采对留巷围岩的高应力作用;从开采覆岩大结构优化应力环境,为巷道支护加固形成的稳定小结构提供条件。

二是超前注浆锚索控制的原理体现为:① 形成厚层主动加固层,有效控制顶板锚杆锚固点和锚索锚固点之间离层和浅部碎裂岩层的整体变形;② 在匹配水力致裂切顶优化采动覆岩大结构应力环境的基础上,实现留巷围岩小结构的稳定性加固。然而,单一采用水力致裂切顶虽然对采动覆岩应力进行优化,但较难保障工作面超前支护区域煤岩层的离层碎裂,而传统的锚杆(索)树脂锚固剂加长锚固支护对于碎裂岩层控制效果有限;另外,单一的注浆锚索支护仅能加固锚索支护长度范围内留巷围岩范围,难以对开采覆岩形成的强采动应力产生影响,实际上强采动应力易严重影响注浆锚索支护效果,甚至导致支护结构范围内的围岩整体变形。

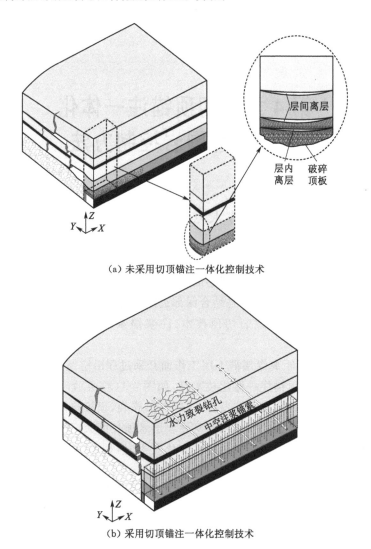

（a）未采用切顶锚注一体化控制技术

（b）采用切顶锚注一体化控制技术

图 4-1　深部近距离煤层群下层工作面开采过程

沿空留巷覆岩层和围岩变形示意图

    三是水力致裂和注浆锚索一体化联合作用原理体现为：① 注浆锚索锚固与超前预注浆在顶板形成稳定的支护结构，在留巷过程中相对于单一水力致裂切顶技术，更有利于降低水力致裂切顶悬顶长度，进而减小强采动应力对留巷围岩的作用。② 水力致裂切顶优化开采覆岩大结构运动形成的应力环境，实现大结构运动形成的强采动应力在留巷围岩位置的有效卸压，另外注浆锚索支护形成顶板全长锚固强化小结构加固层，有效控制离层和浅部碎裂岩层的变形，综合实现覆岩大结构范围的采动卸压和巷道围岩顶板锚索支护范围内小结构的强化加固,充分保障充填墙体和留巷围岩的稳定。

4.2　沿空留巷围岩力学作用的机制

首先,本节采用板模型分析随工作面开采过程深部沿空留巷侧向破断覆岩三角板结构特征,为进一步分析沿空留巷充填墙体稳定性提供基础;其次,分别研究采用单一注浆锚索支护时对沿空留巷充填墙体荷载作用特征,以及单一水力致裂切顶对上覆坚硬岩层悬顶长度作用特征;最后,分析切顶锚注一体化技术对上覆坚硬岩层悬顶长度作用特征。

4.2.1　深部沿空留巷侧向破断覆岩三角板结构特征

工作面回采时,从切眼开始向前推进,随着推进距离增加,走向长度逐渐扩大,顶板面积逐步扩展,形成矩形板结构。在自重及上方岩层载荷作用下,顶板岩层向下变形,首先分析顶板垮落形态及上、下方岩层受力情况。

在顶板岩层初次垮落前,可简化成四边固支的矩形板,其中倾向长度设为 $2a$,走向长度设为 $2b$,厚度为 h,如图 4-2 所示。

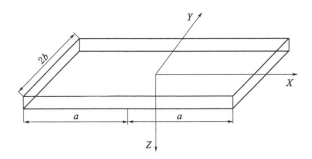

图 4-2　顶板单层尺寸及坐标系

根据几何方程

$$\begin{cases} \varepsilon_x = \dfrac{\partial^2 \omega}{\partial x^2} z \\[2mm] \varepsilon_y = \dfrac{\partial^2 \omega}{\partial y^2} z \\[2mm] \gamma_{xy} = -2 \dfrac{\partial^2 \omega}{\partial x \partial y} z \end{cases} \tag{4-1}$$

其中,ω 为板的挠度,曲率与扭率表示为

$$\chi_x = -\frac{\partial^2 \omega}{\partial x^2}, \ \chi_y = -\frac{\partial^2 \omega}{\partial y^2}, \ \chi_{xy} = -\frac{\partial^2 \omega}{\partial x \partial y} \tag{4-2}$$

将式(4-2)代入式(4-1),可得:

$$\varepsilon_x = \chi_x z, \ \varepsilon_y = \chi_y z, \ \gamma_{xy} = 2\chi_{xy} z \tag{4-3}$$

由胡克定律计算板内应力分量为

$$\begin{cases} \sigma_x = \dfrac{E}{1-\mu^2}(\varepsilon_x + \mu\varepsilon_y) \\ \sigma_y = \dfrac{E}{1-\mu^2}(\varepsilon_y + \mu\varepsilon_x) \\ \tau_{xy} = \dfrac{3}{2(1+\mu)}\gamma_{xy} \end{cases} \tag{4-4}$$

将式(4-1)代入式(4-4),可得

$$\begin{cases} \sigma_x = -\dfrac{Ez}{1-\mu^2}\left(\dfrac{\partial^2 \omega}{\partial x^2} + \mu\dfrac{\partial^2 \omega}{\partial y^2}\right) \\ \sigma_y = -\dfrac{Ez}{1-\mu^2}\left(\dfrac{\partial^2 \omega}{\partial y^2} + \mu\dfrac{\partial^2 \omega}{\partial x^2}\right) \\ \tau_{xy} = -\dfrac{Ez}{1+\mu}\dfrac{\partial^2 \omega}{\partial x y} \end{cases} \tag{4-5}$$

其中挠度 ω 不随岩层厚度 z 变化,所以其仅是 x,y 的函数。由此及上式可以看出,岩层内水平方向应力 σ_x、σ_y 及剪应力 τ_{xy} 都与岩层厚度 z 呈线性关系,厚度越大,应力越大,且最大值在板的上、下两表面上。

其他两个方向剪应力 τ_{zx} 和 τ_{zy} 可用平衡微分方程给出

$$\frac{\partial \sigma_z}{\partial z} = -\frac{\partial \tau_{zx}}{\partial x} - \frac{\partial \tau_{zy}}{\partial y}, \ \frac{\partial \tau_{zx}}{\partial z} = -\frac{\partial \sigma_x}{\partial x} - \frac{\partial \tau_{xy}}{\partial y}, \ \frac{\partial \tau_{zy}}{\partial z} = -\frac{\partial \sigma_y}{\partial y} - \frac{\partial \tau_{xy}}{\partial x} \tag{4-6}$$

将式(4-6)代入用挠度表示的几何方程,可得

$$\begin{cases} \dfrac{\partial \sigma_z}{\partial z} = \dfrac{E}{2(1-\mu^2)}\left(\dfrac{h^2}{4} - z^2\right)\nabla^4 \omega \\ \dfrac{\partial \tau_{zx}}{\partial z} = \dfrac{Ez}{1-\mu^2}\dfrac{\partial}{\partial x}\nabla^2 \omega \\ \dfrac{\partial \tau_{zy}}{\partial z} = \dfrac{Ez}{1-\mu^2}\dfrac{\partial}{\partial y}\nabla^2 \omega \end{cases} \tag{4-7}$$

由于上式中挠度并不随 z 变化,对式(4-7)两边积分得

$$\begin{cases} \sigma_z = \dfrac{E}{2(1-\mu^2)} \left(\dfrac{h^2}{4} - z^2 \right) \nabla^4 \omega + F_3(x,y) \\[3mm] \tau_{zx} = \dfrac{Ez^2}{2(1-\mu^2)} \dfrac{\partial}{\partial x} \nabla^2 \omega + F_1(x,y) \\[3mm] \tau_{zy} = \dfrac{Ez^2}{2(1-\mu^2)} \dfrac{\partial}{\partial y} \nabla^2 \omega + F_2(x,y) \end{cases} \tag{4-8}$$

其中 F_1、F_2 及 F_3 为任意函数。板的上、下表面剪应力为 0，则边界条件为

$$(\tau_{zx})_{z=\pm\frac{h}{2}} = 0, \quad (\tau_{zy})_{z=\pm\frac{h}{2}} = 0 \tag{4-9}$$

由此可得 F_1 及 F_2，剪应力表达式可化简为

$$\begin{cases} \sigma_z = -\dfrac{Eh^3}{6(1-\mu^2)} \left(\dfrac{1}{2} - \dfrac{z}{h} \right)^2 \left(1 + \dfrac{z}{h} \right) \nabla^4 \omega \\[3mm] \tau_{zx} = \dfrac{E}{2(1-\mu^2)} \left(z^2 - \dfrac{h^2}{4} \right) \dfrac{\partial}{\partial x} \nabla^2 \omega \\[3mm] \tau_{zy} = \dfrac{E}{2(1-\mu^2)} \left(z^2 - \dfrac{h^2}{4} \right) \dfrac{\partial}{\partial y} \nabla^2 \omega \end{cases} \tag{4-10}$$

其中 σ_z 沿板厚度方向呈三次抛物线分布，上板面边界条件为

$$(\sigma_z)_{z=-\frac{h}{2}} = -q \tag{4-11}$$

将式(4-11)代入式(4-10)，并化简可得

$$\frac{Eh^3}{12(1-\mu^2)} \nabla^4 \omega = q \tag{4-12}$$

令

$$D = \frac{Eh^3}{12(1-\mu^2)} \tag{4-13}$$

则式(4-12)可变为

$$D \nabla^4 \omega = q \tag{4-14}$$

其中，D 为板的弯曲刚度，与板的厚度和材料性质有关。

4.2.1.1　板内的内力求解

根据圣维南原理，不考虑内力分布形式，只考虑合力作用效果，所以对板厚度上应力分量积分，得出内力分量为

$$M_x = \int_{-\frac{h}{2}}^{\frac{h}{2}} z\sigma_x \mathrm{d}z, \quad M_y = \int_{-\frac{h}{2}}^{\frac{h}{2}} z\sigma_y \mathrm{d}z, \quad M_{xy} = \int_{-\frac{h}{2}}^{\frac{h}{2}} z\tau_{xy} \mathrm{d}z$$

$$F_{sx} = \int_{-\frac{h}{2}}^{\frac{h}{2}} \tau_{zx} \mathrm{d}z, \quad F_{sy} = \int_{-\frac{h}{2}}^{\frac{h}{2}} \tau_{yz} \mathrm{d}z \tag{4-15}$$

积分结果可得

$$\begin{cases} M_x = D(\chi_x + \mu\chi_y) \\ M_y = D(\chi_y + \mu\chi_x) \\ M_{xy} = D(1-\mu)\chi_{xy} \\ F_{sx} = -D\dfrac{\partial}{\partial x}\nabla^2\omega \\ F_{sy} = -D\dfrac{\partial}{\partial y}\nabla^2\omega \end{cases} \tag{4-16}$$

将式(4-16)代入式(4-4)，可建立板弯曲时的内力公式为

$$\begin{cases} \sigma_x = \dfrac{12M_x}{h^3}z \\ \sigma_y = \dfrac{12M_y}{h^3}z \\ \tau_{xy} = \dfrac{12M_{xy}}{h^3}z \\ \tau_{zx} = \dfrac{6F_{sx}}{h^3}\left(\dfrac{h^2}{4}-z^2\right) \\ \tau_{zx} = \dfrac{6F_{xy}}{h^3}\left(\dfrac{h^2}{4}-z^2\right) \\ \sigma_z = -2q\left(\dfrac{1}{2}-\dfrac{z}{h}\right)^2\left(1+\dfrac{z}{h}\right) \end{cases} \tag{4-17}$$

4.2.1.2 四边固支板挠度公式

综合可知，要求解板内应力，需首先求解板变形时挠度 ω 的表达式，再由挠度公式求解板截面内力，并进一步求解应力，板上表面受到上覆岩层的综合面力，可用 q 表示。

四边固支板边界条件为

$$\begin{cases} (\omega)_{x=\pm a}=0, \ \left(\dfrac{\partial\omega}{\partial x}\right)_{x=\pm a}=0 \\ (\omega)_{y=\pm b}=0, \ \left(\dfrac{\partial\omega}{\partial y}\right)_{x=\pm b}=0 \end{cases} \tag{4-18}$$

挠度表达式取为

$$\omega = \sum_m C_m\omega_m = (x^2-a^2)^2(x^2-b^2)^2(C_1+C_2x^2+C_3y^2+\cdots) \tag{4-19}$$

由上式可得，不论 C_m 取何值，都能满足全部边界条件。鉴于顶板的变形受到多因素影响，边界条件也可简化得到，此时仅取系数 C_1，也能满足工作面顶板岩层位移的变化要求，将式(4-19)化简后可得

$$\omega = C_1(x^2-a^2)^2(y^2-b^2)^2 \tag{4-20}$$

板要满足全部边界条件,将体力整合到面力后,挠度需满足如下方程

$$\iint_A D(\nabla^4 \omega) \omega_m \mathrm{d}x\mathrm{d}y = \iint_A q\omega_m \mathrm{d}x\mathrm{d}y \tag{4-21}$$

将式(4-20)代入式(4-21),可得

$$4D\int_0^a\int_0^b (\nabla^4 \omega)(x^2-a^2)^2(y^2-b^2)^2\mathrm{d}x\mathrm{d}y = 4q\int_0^a\int_0^b (x^2-a^2)^2(y^2-b^2)^2\mathrm{d}x\mathrm{d}y \tag{4-22}$$

其中

$$\nabla^4 \omega = \frac{\partial^4 \omega}{\partial x^4} + 2\frac{\partial^4 \omega}{\partial^2 x \partial^2 y} + \frac{\partial^4 \omega}{\partial y^4}$$
$$= 8[3(y^2-b^2)^2 + 3(x^2-a^2)^2 + 4(3x^2-a^2)(3y^2-b^2)]C_1$$

由此可求解参数 C_1,并代入挠度表达式,可得

$$\omega(x,y) = \frac{7q(x^2-a^2)^2(y^2-b^2)^2}{128D\left(a^4+b^4+\dfrac{4}{7}a^2b^2\right)} \tag{4-23}$$

综合可得出工作面开采过程中顶板岩层弯曲时应力、内力、挠度的表达式,即

$$\begin{cases} \chi_x = \dfrac{\partial^2 \omega}{\partial x^2}, \ \chi_y = \dfrac{\partial^2 \omega}{\partial y^2}, \ \chi_{xy} = -2\dfrac{\partial^2 \omega}{\partial x \partial y} \\[2mm] M_x = D(\chi_x + \mu\chi_y), \ M_y = D(\chi_y + \mu\chi_x), \ M_{xy} = D(1-\mu)\chi_{xy} \\[2mm] F_{sx} = -D\dfrac{\partial}{\partial x}\nabla^2 \omega, \ F_{sy} = -D\dfrac{\partial}{\partial y}\nabla^2 \omega \\[2mm] \sigma_x = \dfrac{12M_x}{h^3}z, \ \sigma_y = \dfrac{12M_y}{h^3}z, \ \sigma_z = -2q\left(\dfrac{1}{2} - \dfrac{z}{h}\right)^2\left(1 + \dfrac{z}{h}\right) \\[2mm] \tau_{xy} = \dfrac{12M_{xy}}{h^3}z, \ \tau_{zx} = \dfrac{6F_{sx}}{h^3}\left(\dfrac{h^2}{4} - z^2\right), \ \tau_{zy} = \dfrac{6F_{sy}}{h^3}\left(\dfrac{h^2}{4} - z^2\right) \\[2mm] \omega(x,y) = \dfrac{7q(x^2-a^2)^2(y^2-b^2)^2}{128D\left(a^4+b^4+\dfrac{4}{7}a^2b^2\right)} \end{cases} \tag{4-24}$$

当体力 $f_z \neq 0$ 时,将体力整合到 q 内,可得

$$q = (\overline{f}_z)_{z=-\frac{h}{2}} + (\overline{f}_z)_{z=\frac{h}{2}} + \int_{-\frac{h}{2}}^{\frac{h}{2}} f_z \mathrm{d}z \tag{4-25}$$

在岩层内,$\overline{f}_z$ 在上表面有上覆岩层传递的力,体力 f_z 为重力,可得

$$q = q_1 + \gamma h \tag{4-26}$$

其中,$q_1 = (\overline{f}_z)_{z=-\frac{h}{2}} + (\overline{f}_z)_{z=\frac{h}{2}}$;$\gamma h = \int_{-\frac{h}{2}}^{\frac{h}{2}} f_z \mathrm{d}z$。

综合可得,板弯曲时板截面内的应力状态较复杂,呈典型的三向应力状态;传统判断顶板破断方法认为,当水平两个拉应力达到最大拉应力强度时,顶板发

生拉破断,而一般情况下将 σ_x 或 σ_y 作为最大拉应力。但是,由强度理论可知,岩层内最大拉应力不在 σ_x 和 σ_y 这两个方向上,而是由 σ_x、σ_y 和 τ_{xy} 的综合作用决定其大小和方向,因此,需引入强度理论进行校核。

岩石为典型的脆性材料,利用第一强度理论进行校核。在竖直截面上,水平应力分量为

$$\begin{cases} \sigma_x = \dfrac{12M_x}{h^3}z \\[2mm] \sigma_y = \dfrac{12M_y}{h^3}z \\[2mm] \tau_{xy} = \dfrac{12M_{xy}}{h^3}z \end{cases} \tag{4-27}$$

水平方向主应力为

$$\sigma_1 = \sigma_2 = \frac{\sigma_x + \sigma_y}{2} \pm \sqrt{\left(\frac{\sigma_x - \sigma_y}{2}\right)^2 + \tau_{xy}^2} \tag{4-28}$$

主应力 σ_1 与 x 轴方向夹角为

$$\alpha_1 = \arctan \frac{\sigma_1 - \sigma_x}{\tau_{xy}} \tag{4-29}$$

主应力在截面上形成的合力为主弯矩,可得

$$M_1 = \int_{-\frac{h}{2}}^{\frac{h}{2}} \sigma_1 z \mathrm{d}z, \quad M_2 = \int_{-\frac{h}{2}}^{\frac{h}{2}} \sigma_2 z \mathrm{d}z \tag{4-30}$$

将式(4-30)代入式(4-28),主应力和主弯矩的关系式为

$$\begin{cases} \sigma_1 = \dfrac{12M_1}{h^3}z \\[2mm] \sigma_2 = \dfrac{12M_2}{h^3}z \end{cases} \tag{4-31}$$

可得两个主弯矩的表达式为

$$M_1 = M_2 = \frac{M_x + M_y}{2} \pm \frac{1}{2}\sqrt{(M_x - M_y)^2 + 4M_{xy}^2} \tag{4-32}$$

主应力方向夹角也可用下式计算

$$\alpha_1 = \arctan \frac{M_1 - M_2}{M_{xy}} \tag{4-33}$$

因此,可利用弯矩分量计算主弯矩的大小及主弯矩作用面的法线方向。其中主应力的主向既为最大拉应力方向,也是顶板破断线的方向。

4.2.1.3 四边主应力状态

(1) 模型合理性的验证

为验证模型的合理性,并确定顶板垮落前岩层应力状态,可以将中兴煤业 $2^{\#}$ 煤层典型工作面直接顶的相关物理力学参数代入相关公式进行计算。

在工作面走向上,为确定第一主应力的位置,选取中线位置进行分析,即 $x=0$;设工作面推进了 30 m,倾向长度为 190 m,直接顶高度为 4.3 m。令 $a=95$ m,$b=15$ m,$h=4.3$ m。直接顶岩性为泥岩,基本顶为中砂岩。

结合中兴煤业 2# 煤层顶板岩层物理力学参数,可计算直接顶岩层的刚度为

$$D = \frac{Eh^3}{12(1-\mu^2)} = \frac{32.24 \times 10^9 \times 4.3^3}{12 \times (1-0.17^2)} = 2.199\,66 \times 10^{11} \tag{4-34}$$

直接顶与基本顶之间有离层,可用曲率公式进行计算,现场离层监测点监测得出的离层现象也已验证,此处不再赘述。即直接顶上、下表面载荷为 0,利用式(4-25)计算综合载荷 q 为

$$q = (\bar{f}_z)_{z=-\frac{h}{2}} + (\bar{f}_z)_{z=\frac{h}{2}} + \int_{-\frac{h}{2}}^{\frac{h}{2}} f_z \mathrm{d}z = 2\,600 \times 9.8 \times 4.3$$

$$= 109.564\,(\mathrm{kN/m^2}) = 109\,564\,(\mathrm{N/m^2}) \tag{4-35}$$

将 D 和 q 值代入式(4-23),化简后可得

$$\omega(x,y) = 2.7 \times 10^{-11} \frac{(x^2-a^2)^2(y^2-b^2)^2}{\left(a^4+b^4+\frac{4}{7}a^2b^2\right)} \tag{4-36}$$

计算水平方向中心线上的挠度,可得

$$\omega(x,y) = 2.7 \times 10^{-8}(y^2-225)^2 \tag{4-37}$$

取板中心进行验证分析,此时 $y=0$,则可得板中心挠度为 1.367 mm。

为验证模型的合理性,采取数值计算方法进行验证,采用 COMSOL 数值模拟软件建立的数值计算验证模型如图 4-3 所示,其中模型长×宽×高=190 m×30 m×4.3 m,杨氏模量 $E=32.24$ GPa,泊松比为 0.17。采用四边固支结构,令 $U=0$,考虑到直接顶与基本顶间的离层,因此仅考虑重力作用,板的其他外载荷设为 0。选用线弹性材料,使用弹性力学方程进行计算。

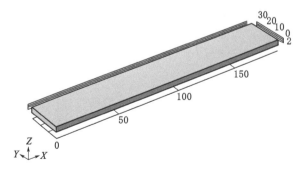

图 4-3　数值计算验证模型(单位:m)

数值计算结果显示,最大挠度在顶板中心处,大小为 1.3 mm,与式(4-37)计算结果 1.367 mm 非常接近,如图 4-4 所示,验证了此力学计算模型的合理性。

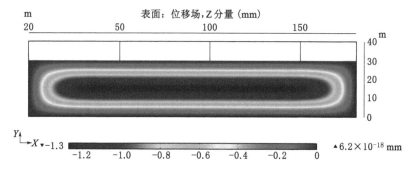

图 4-4　板在竖直方向上的位移

(2) 计算主弯矩方向

将式(4-37)代入式(4-2),可得

$$\begin{cases} \chi_x = \dfrac{7q(3x^2-a^2)(y^2-b^2)^2}{32D\left(a^4+b^4+\dfrac{4}{7}a^2b^2\right)} \\[3mm] \chi_y = \dfrac{7q(x^2-a^2)^2(3y^2-b^2)}{32D\left(a^4+b^4+\dfrac{4}{7}a^2b^2\right)} \\[3mm] \chi_{xy} = \dfrac{7qxy(x^2-a^2)(y^2-b^2)}{8D\left(a^4+b^4+\dfrac{4}{7}a^2b^2\right)} \end{cases} \tag{4-38}$$

将式(4-38)代入式(4-16),可得弯矩分量表达式为

$$\begin{cases} M_x = \dfrac{7q}{32\left(a^4+b^4+\dfrac{4}{7}a^2b^2\right)}\left[(3x^2-a^2)(y^2-b^2)+\mu(x^2-a^2)^2(3y^2-b^2)\right] \\[3mm] M_y = \dfrac{7q}{32\left(a^4+b^4+\dfrac{4}{7}a^2b^2\right)}\left[(x^2-a^2)^2(3y^2-b^2)+\mu(3x^2-a^2)(y^2-b^2)^2\right] \\[3mm] M_{xy} = \dfrac{7q(1-\mu)}{8\left(a^4+b^4+\dfrac{4}{7}a^2b^2\right)}xy(x^2-a^2)(y^2-b^2) \end{cases}$$

$$\tag{4-39}$$

在中线上,$x=0$,可知 $M_{xy=0}$,说明在中线上不存在扭矩。

对式(4-32)主弯矩求导数,并取极值后得

$$\frac{\partial M_1}{\partial x} = 0 \tag{4-40}$$

可得,主弯矩关于(x,y)坐标的极值曲线,得出最大弯矩迹线;同时,也是最大主应力迹线,主应力方向也可计算确定,为计算第一主应力方向和迹线,将上述公式导入 COMSOL 数值计算软件,并代入直接顶力学参数,可得板上表面第一主应力大小及方向,如图 4-5 所示。

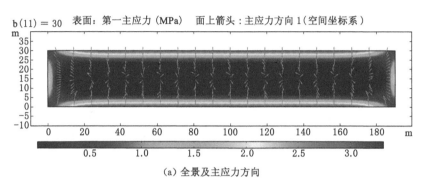

(a) 全景及主应力方向

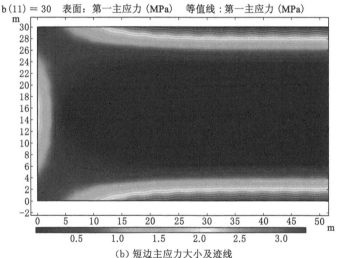

(b) 短边主应力大小及迹线

图 4-5　板上表面第一主应力大小及方向

由图 4-5 计算结果可知,当工作面回采至顶板极限跨距时,板上表面倾向边缘出现拉应力,以第一强度理论校核,第一主应力达到岩石的抗拉极限强度从而出现拉破坏。另外,从图 4-5(b)中也可以看出,在走向长度边缘,也出现了较大的第一主应力,但远小于长边方向的相应值,因此当长边发生破断时,短边不会出现破断。

　　同时也可得出,整个长边方向拉应力并未都达到岩石拉应力强度,如图 4-6 所示,在靠近两端 30 m 左右范围内出现拉应力降低区,此处不出现拉断破坏。

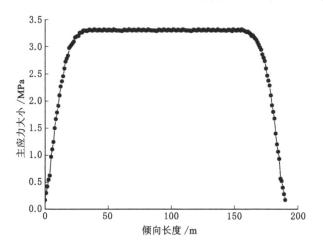

图 4-6　板的上表面长边拉应力大小

　　板的下表面第一主应力大小及方向如图 4-7 所示,由图可得:拉应力较高的区域主要在中线上,当上表面长边出现拉破断后,下表面中线上应力增加而出现拉破断;两端主应力比较复杂,总体成蝶状,如图 4-7(b)所示,当中线破断后,破断面不会延伸至煤帮上方,而是在距离煤帮一定距离处,沿最大主应力方向分叉破断,并向两角点延伸,煤帮上方形成三角形外伸结构。此三角形结构对煤柱的受力影响较大,因此以下分析随工作面回采过程顶板垮落对充填墙的载荷影响时,不同的力学模型中均包含三角形形态。

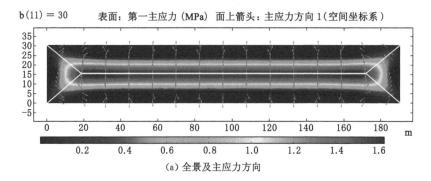

(a)全景及主应力方向

图 4-7　板的下表面第一主应力大小及方向

(注:白色为断裂线;箭头为第一主应力方向)

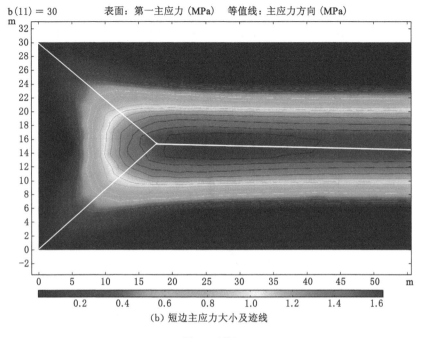

(b) 短边主应力大小及迹线

图 4-7（续）

4.2.2 深部沿空留巷水力致裂切顶力学作用机制

4.2.2.1 顶板破断结构分析

2#煤层的直接顶为泥岩,从岩性描述中得出该岩层为中厚层状,半坚硬,节理裂隙发育,岩芯破碎,滑面多,该岩层难以承担最大主应力,并在自重作用下完整性较弱。从现场观测也发现,直接顶随采随垮,不能形成上述的三角形外伸结构,而基本顶为中粗粒砂岩,较坚硬且完整。岩层破断后,煤柱上方可形成三角形结构,而其下方的直接顶岩层随采垮,假设基本顶下方基本为悬空状态,而充填墙上方呈砌体梁结构,充填墙体作为砌体梁的支点之一,梁下沉时将承受较大压力,如图 4-8 所示。

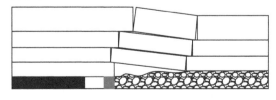

图 4-8 煤层上方各岩层垮落形式

在4.2.1节中已分析得出：当顶板破断后，充填墙上方形成三角形悬臂砌体梁结构。上覆载荷为顶板自重及上覆岩层压力，因为顶板弯曲下沉，载荷可简化为三角形载荷，挠度越大载荷越小。充填墙可视为悬臂梁下方的一支点，且可压缩，对悬臂梁有支撑作用。如图4-9所示，A、B、C三个岩块咬合铰支，形成平衡状态。水力致裂切顶后，关键块B上方载荷 F_q 将发生改变。

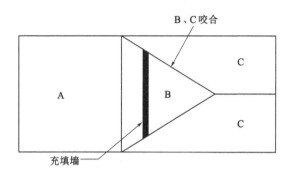

图 4-9　顶板垮落形态俯视图

其中岩块B为上覆坚硬岩块，岩层垮落后形成砌体梁结构。根据4.2.1部分的分析结果可知，岩块B为三角形结构，岩块C破断为两部分，岩块B在咬合状态下保持平衡状态，使得岩块B在与岩块A的咬合处不发生滑动，如图4-10所示，以保障充填墙的完整性。

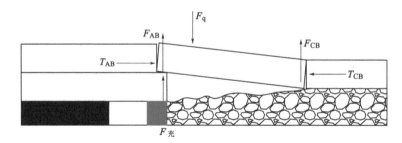

图 4-10　砌体梁平衡时受力状态

岩块B的受力状态如图4-11所示。

岩块C分为两部分，假设其对岩块B的作用力相等，垂直剪力和水平推力分别为 F_{CB} 和 T_{CB}，作用在斜边中点。咬合长度为 a，作用点在 $a/2$ 处。

岩块A对岩块B垂直剪力和水平推力分别为 F_{AB} 和 T_{AB}，作用在斜边中点。咬合长度为 a，作用点在 $a/2$ 处。$F_充$ 为充填墙对岩块B的支撑力，F_q 为自重及上覆岩层压力的合力，回转角为 θ。b 为岩块B沿工作面推进方向的破断尺寸；

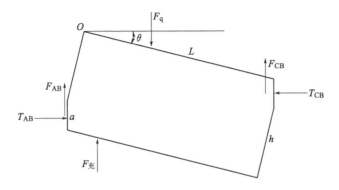

图 4-11　岩块 B 受力图

L 为岩块 B 沿工作面倾向的破断尺寸。

$F_充$ 为关键块上方的支撑力。如果关键块 B 为基本顶破断岩块,则 $F_充$ 为充填墙的压力;若关键块 B 为基本顶上方水力致裂切顶的岩层,则 $F_充$ 为基本顶对关键块 B 的支撑力。

假设关键块下方岩层为弹性体,其支撑反力为下方岩层弹性反力,可得

$$F_充 = \frac{AE\Delta}{h} \tag{4-41}$$

其中,A 为充填墙对关键块 B 的支撑面积,E 为下方岩体总弹性模量,h 为充填墙的高度,Δ 为下方岩体压缩量。

根据给定下沉量原理,关键块 B 采空区端下沉量为

$$\Delta_s = h_0 - \sum h_i(K_i - 1) \tag{4-42}$$

式中:h_0 为煤层厚度;h_i 为岩层厚度;K_i 为各岩层碎胀系数。

$$\Delta = \frac{x}{L}\Delta_s \tag{4-43}$$

式中:x 为充填墙距岩块 A、B 破断线的距离;F_q 为三角形载荷,作用点在 $L/3$ 处。

若岩块 B 为稳定状态,可得

$$\sum M_O = 0 \tag{4-44}$$

$$T_{AB}\left(h - \frac{a}{2}\right) + F_充 \, x = F_q \, \frac{L}{3} + T_{CB}L\sin\theta \tag{4-45}$$

$$T_{AB} = \frac{F_q \, \dfrac{L}{3} - F_充 \, x}{\left(h - \dfrac{a}{2} - L\sin\theta\right)} \tag{4-46}$$

其中,竖直合力为 0,水平方向合力为 0,可得

$$F_{AB} + F_{BC} + F_{充} = F_q \tag{4-47}$$

对 AB 边 $\frac{a}{2}$ 处取弯矩,合弯矩为 0,可得

$$F_{CB} L \cos\theta - \frac{1}{3} F_q L \cos\theta + 2T_{CB}\left(h - a - \frac{L}{2}\sin\theta\right) + F_{充}\, x = 0 \tag{4-48}$$

计算得出岩块 A、C 对岩块 B 的剪力分别为

$$F_{CB} = \frac{\dfrac{1}{3} F_q L \cos\theta - 2T_{CB}\left(h - a - \dfrac{L}{2}\sin\theta\right) - F_{充}\, x}{L \cos\theta} \tag{4-49}$$

$$F_{AB} = F_q - F_{BC} - F_{充} \tag{4-50}$$

4.2.2.2 滑落失稳系数

水力致裂切顶施工参数为:钻孔长度为 30 m,孔间距为 8 m,仰角为 45°,偏角 30°,从切顶钻孔可得,切顶高度为 12~21 m,水平长度为 1~7.1 m。切顶高度已经超过直接顶及基本顶的范围,应主要改变其上方岩层的破断长度。

两块岩块相互咬合,当剪力与摩擦力相等时,处于极限平衡状态;若剪力大于摩擦力时,此结构将出现滑动失稳。结构不失稳时满足

$$T_{AB} \tan(\varphi - \beta) \geqslant F_{AB} \tag{4-51}$$

其中,β 为 B、C 岩块断面与竖直方向的夹角,如图 4-12 所示,其大小与切顶仰角一致,则切顶水平长度 L_q 与 β 之间的关系可表示为

$$\tan\beta = \frac{L_q}{h_q} \tag{4-52}$$

式中:h_q 为切顶岩层距离工作面的距离。

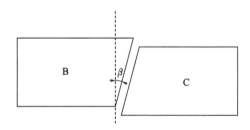

图 4-12　切顶岩层断面

当 $\dfrac{F_{BC}}{T_{BC}} \leqslant \tan(\varphi - \beta)$ 时,岩块可保持平衡;一般情况下,φ 为岩石内摩擦角,取值范围为 38°~45°,而施工时仰角超过 45°,则易发生滑动失稳。

引入滑落失稳系数 K_1,令

$$K_1 = \frac{F_{AB}}{T_{AB}\tan(\varphi - \beta)} \tag{4-53}$$

式中:当 K_1 值越大,失稳概率就越大;当 $K_1 = 1$ 时,岩块处于极限平衡状态。

将式(4-46)和式(4-50)代入式(4-53),则失稳系数为

$$K_1 = \frac{F_{AB}\left(h - \dfrac{a}{2} - L\sin\theta\right)}{\tan\varphi\left(F_q\dfrac{L}{3} - F_充 x\right)} \tag{4-54}$$

式中,$\tan\varphi$ 为岩块间摩擦因数。由于上方岩层通过水力致裂切顶,则岩块 B 的长度 L 发生变化,切顶仰角越大,切顶后 B 岩块的水平长度 L_q 越小,L_q 的取值范围为 $0 < L_q < L$。

为了得到一般定性规律,对失稳系数归一化,取 $\dfrac{K_{1q}}{K_{1L}}$,并利用 MATLAB 软件计算得出不同切顶长度下该值。

$$\begin{cases} K_{1q} = \dfrac{F_{AB}\left(h - \dfrac{a}{2} - L_q\sin\theta\right)}{\tan\varphi\left(\dfrac{1}{3}F_q L_q - F_充 x\right)} \\[6mm] K_{1L} = \dfrac{F_{AB}\left(h - \dfrac{a}{2} - L\sin\theta\right)}{\tan\varphi\left(\dfrac{1}{3}F_q L - F_充 x\right)} \end{cases} \tag{4-55}$$

式中:h 为关键块厚度,取 8 m;F_q 为上覆岩层载荷,$F_q = \gamma H$;L 为不切顶时关键块 B 长度,取 16 m;a 为咬合长度,取 0.5 m;θ 为转角,取 5°;x 为充填墙与关键块 A、B 断裂线的距离,取 5 m。

计算结果如图 4-13 所示,由图可得:切顶后关键块长度越小,发生滑动失稳的可能性越大,切顶水平距离在充填墙体靠近采空区墙边 1~7.1 m 范围内,切顶后发生滑落失稳。根据砌体梁理论可知,一旦发生滑落失稳,一般不可能发生挤压失稳,即回转后水平推力减小。

4.2.2.3 切顶滑落后充填体支撑力

关键块 B 发生滑动失稳后,主要靠煤帮、充填体、垮落充填物支撑。上述构建的失稳系数模型,若关键块 B 为基本顶,则为 $F_充$ 充填墙的压力;若关键块 B 为基本顶上方切顶的坚硬岩层,则 $F_充$ 为其下方岩层对关键块 B 的支撑力,滑落失稳后,水平推力 T_{AB} 为 0。

(1)关键块 B 在煤体中的断裂位置

关键块 B 在煤体中的断裂位置,会对沿空巷道的围岩应力分布及变形产生

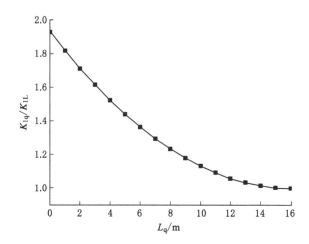

图 4-13　水力致裂切顶前后滑落失稳系数比值与悬梁长度之间的关系

影响。假设断裂线距煤帮的距离为 x_0，根据弹塑性极限平衡理论得出

$$x_0 = \frac{M}{2\xi f} \ln \left[\frac{k\gamma H + \dfrac{C_0}{\tan \varphi_0}}{\xi \left(\dfrac{C_0}{\tan \varphi_0} + \dfrac{p_x}{\lambda} \right)} \right] \tag{4-56}$$

式中：M 为煤厚，取 2 m；k 为应力集中系数，取 2；γ 为上覆岩层容重，取 25 kN/m³；H 为巷道埋深，取 700 m；C_0 为煤体黏聚力，取 1.1 MPa；φ_0 为煤体内摩擦角，取 34°；$\xi = (1 + \sin \varphi)(1 - \sin \varphi)$ 为三轴应力系数，取 3.5；p_x 为煤帮支护强度，取 0.26 MPa；f 为煤岩之间的摩擦系数，取 0.58。计算可得岩块 A、B 断裂线在实体煤内侧，距离煤帮 5 m。

（2）煤帮对关键块 B 支撑力

煤帮对关键块 B 的支撑力为

$$\sigma_y = \left(\frac{C_0}{\tan \varphi_0} + \frac{p_x}{\lambda} \right) e^{\frac{2\tan \varphi_0}{h\lambda}} - \frac{C_0}{\tan \varphi_0} \tag{4-57}$$

式中：φ_0、C_0 分别为煤体与顶板和底板的交界处的内摩擦角（取 50°）、黏聚力为（取 0.5 MPa）；h 为工作面高度，为 2 m；λ 为侧压系数，取 1.8。

煤帮对关键块 B 的支撑力为

$$F_p = \int_0^{x_0} \sigma_y \left[\frac{2}{\tan \alpha} (L - x) \right] dx \tag{4-58}$$

其中，α 取 45°。

（3）冒落区对岩块 B 的支撑力

单位面积的支撑力为

$$\begin{cases} f_g = K_g s_y \\ s_y = s_0 + x \sin \theta - [M - h(K-1)] \end{cases} \qquad (4\text{-}59)$$

代入参数化简后为

$$s_y = 0.087x - 0.51 \qquad (4\text{-}60)$$

当 $s_y = 0$ 时，计算得 $x = 5.87$，说明在 $5 \sim 5.87$ m 之间，关键块 B 是悬空的。式(4-59)中：s_0 为整体下沉量，取 0.2 m；K_g 为支撑系数，取 2.5 MPa；冒落后，K 为碎胀系数，取 1.3，而冒落区的支撑力为

$$F_g = \int_{5.87}^{L \cos \theta} f_g \left[\frac{2}{\tan \alpha}(L-x) \right] dx \qquad (4\text{-}61)$$

其中，取 $\theta = 5°$。

（4）上方岩层压力

$$F_q = \int_0^{L \cos \theta} \gamma h \left[\frac{2}{\tan \alpha}(L-x) \right] dx \qquad (4\text{-}62)$$

竖直方向上力保持平衡，则

$$F_充 = F_q - F_p - F_g \qquad (4\text{-}63)$$

假设不切顶时，岩块 B 的长度为垮落步距，取 16 m 进行分析，切顶后岩块水平长度为 L_q，则发生滑落失稳后，岩块 B 对下方的压力变化如图 4-14 和图 4-15 所示。

由此可知，切顶水平距离为 7 m 时，岩块 B 对下方岩体的压力下降了 70%，当沿充填体边缘切顶时，岩块 B 对下方岩体的压力可下降 90%。

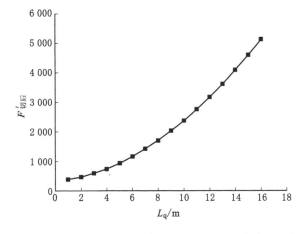

图 4-14　切顶后岩块 B 对下方岩体载荷与水平切顶长度之间的关系

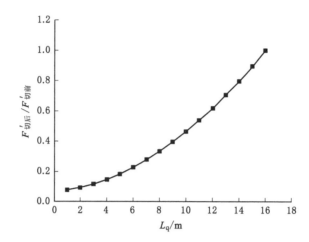

图 4-15 切顶前后岩块 B 对下方岩体载荷比值与水平切顶长度之间的关系

4.2.3 深部沿空留巷注浆锚索支护作用机制

4.2.3.1 超前工作面注浆锚索的作用特征

初次破断前,顶板尺寸达到破断极限,此时挠度达到最大值,而顶板仍处于完整形态,初次破断前,顶板发生向下的挠度,并对充填墙施加了压力;同样,充填墙对上方四边固支板也施加了一个大小相等但方向相反的反作用力,可视为顶板下表面受到一个向上的集中力,模型受力情况如图 4-16 所示。

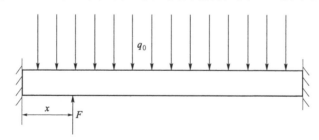

图 4-16 岩层断裂前受力状态

板受到的总载荷为

$$q = (\overline{f}_z)_{z=-\frac{h}{2}} + (\overline{f}_z)_{z=\frac{h}{2}} + \int_{-\frac{h}{2}}^{\frac{h}{2}} f_z \mathrm{d}z \tag{4-64}$$

式中:$(\overline{f}_z)_{z=-\frac{h}{2}}$ 为上覆岩层对岩层的载荷;$\int_{-\frac{h}{2}}^{\frac{h}{2}} f_z \mathrm{d}z$ 为岩层自重;$(\overline{f}_z)_{z=\frac{h}{2}}$ 为充填

体对板的载荷,为下表面的集中作用力,以 F 表示,$q_1 = (\overline{f}_z)_{z=-\frac{h}{2}} + \int_{-\frac{h}{2}}^{\frac{h}{2}} f_z \mathrm{d}z$。

则充填墙对顶板做功可表示为

$$F(\omega_1)_{x=\xi,y=\eta} = F(\xi^2 - a^2)^2 (\eta^2 - b^2)^2 \tag{4-65}$$

其中,(ξ,η) 为充填墙的作用点。

根据能量守恒定律,可得出公式

$$4D \int_0^a \int_0^b (\nabla^4 \omega)(x^2 - a^2)^2 (y^2 - b^2)^2 \mathrm{d}x \mathrm{d}y = F(\xi^2 - a^2)^2 (\eta^2 - b^2)^2 \tag{4-66}$$

计算出 C_1 为

$$C_1 = \frac{395F(\xi^2 - a^2)^2 (\eta^2 - b^2)^2}{1\,174Da^5 b^5 (7a^4 + 4a^2 b^2 + 7b^4)} \tag{4-67}$$

充填墙支撑力引起的挠度为

$$\omega_F(x,y) = \frac{395F(\xi^2 - a^2)^2 (\eta^2 - b^2)^2 (x^2 - a^2)^2 (y^2 - b^2)^2}{1\,174Da^5 b^5 (7a^4 + 4a^2 b^2 + 7b^4)} \tag{4-68}$$

自重及上部岩层载荷挠度为

$$\omega_q(x,y) = \frac{7q(x^2 - a^2)^2 (y^2 - b^2)^2}{128D\left(a^4 + b^4 + \dfrac{4}{7}a^2 b^2\right)} \tag{4-69}$$

总挠度由岩层自重及上部岩层载荷引起的挠度和下方充填墙对顶板支撑力的挠度相叠加构成,结合式(4-68)和式(4-69)可得总挠度,即为充填墙压缩量。

$$\omega(x,y) = \frac{7q(x^2 - a^2)^2 (y^2 - b^2)^2}{128D\left(a^4 + b^4 + \dfrac{4}{7}a^2 b^2\right)} - \frac{395F(\xi^2 - a^2)^2 (\eta^2 - b^2)^2 (x^2 - a^2)^2 (y^2 - b^2)^2}{1\,174Da^5 b^5 (7a^4 + 4a^2 b^2 + 7b^4)}$$

$$\tag{4-70}$$

同时,充填墙载荷为一个反作用力,充填墙压缩量越大,载荷越大。充填墙压缩量为 $\omega(\xi,\eta)$,根据胡克定律可得

$$\omega(\xi,\eta) = \frac{Fh_{充}}{E_{充}A} \tag{4-71}$$

式中:A 为充填墙面积。

在充填墙(ξ,η)处,顶板挠度 $\omega(\xi,\eta)$ 的表达式为

$$\omega(\xi,\eta) = \omega_q(\xi,\eta) + \omega_F(\xi,\eta) \tag{4-72}$$

$$F = \frac{49qa^5 b^5 (\xi^2 - a^2)^2 (\eta^2 - b^2)^2}{128\left[\dfrac{Dh_{充}\, a^5 b^5 (7a^4 + 4a^2 b^2 + 7b^4)}{E_{充}A} + \dfrac{395(\xi^2 - a^2)^4 (\eta^2 - b^2)^4}{1\,174}\right]} \tag{4-73}$$

充填墙载荷为一个反作用力,压缩量越大,载荷越大,与充填墙尺寸、刚度、岩层刚度均有关系。

将充填墙载荷无量纲化后,可得

$$\frac{F_1}{F_0}=\frac{D_0+\dfrac{395E_{充}\,A(\xi^2-a^2)^4(\eta^2-b^2)^4}{1\,174h_{充}\,a^5b^5(7a^4+4a^2b^2+7b^4)}}{D_1+\dfrac{395E_{充}\,A(\xi^2-a^2)^4(\eta^2-b^2)^4}{1\,174h_{充}\,a^5b^5(7a^4+4a^2b^2+7b^4)}} \tag{4-74}$$

式中：F_0、F_1 分别为注浆锚索支护顶板前后的岩层载荷；D_0、D_1 分别为注浆锚索支护顶板前后的岩层平均刚度。

假设工作面充填墙距煤帮距离为 4.2 m，墙宽为 2.5 m，$a=95$，$b=20$，取墙中心为集中力作用点，$\xi=-89.55$，$\eta=0$，则坐标为$(-89.55，0)$，$A=2b\times2.5$，可计算出集中力 F 与挠度关系。

从前工作面 30 m 开始，注浆锚索采用 1×8 股的中孔注浆锚索进行加固，规格为 $\phi21.6$ mm$\times7\,300$ mm，注浆锚索与原巷道每排 4 根锚索插空布置，一排 3 根，注浆锚索间排距为 $1\,200$ mm$\times1\,600$ mm，中间注浆锚索位于正中位置，注浆锚索均垂直顶板施工；锚索预紧力不小于 200 kN。

将相应参数代入式(4-74)后并化简，可得

$$\frac{F_1}{F_0}=\frac{D_0+2.431\,18\times10^8}{D_1+2.431\,18\times10^8} \tag{4-75}$$

而注浆锚索施工的范围是巷道上方，可显著提高此处的顶板刚度，其他区域内的顶板刚度提升较少或无提升，但整个顶板的平均刚度可得到提升，令 D_1/D_0 为平均刚度提升幅度，可得注浆锚索支护前后沿空留巷充填墙载荷减小比例如图 4-17。由图 4-17 可知：当顶板刚度提升 2% 时，即可降低充填墙 17% 的载荷；当提升至 4% 时，该载荷下降到 66%；当提升 10% 时，充填墙的载荷仅为原来的 50%。这说明注浆锚索提高顶板刚度后，随着顶板刚度的提升可大幅度降低充

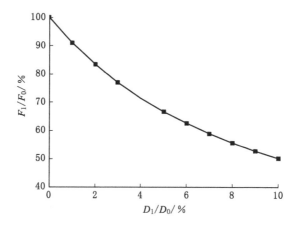

图 4-17　注浆锚索支护前后沿空留巷充填墙载荷的减小比例

填墙的载荷,注浆锚索对充填墙的保护作用显著。

4.2.3.2　水力致裂切顶条件下注浆锚索的作用特征

采用水力致裂切顶完成后,在切顶岩层的回转载荷下,直接顶产生运动变形,导致其载荷增加、变形加剧、裂缝再次发育,分析增加的注浆锚索作用特征,简化结构为悬臂梁状态,如图 4-18 所示。

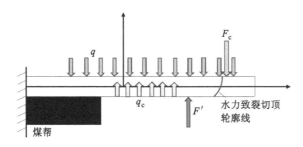

图 4-18　直接顶受力简图

锚索支护后,直接顶与其上方的中砂岩锚固在一起,可认为是一层顶板,随着工作面推进,直接顶首先垮落,形成悬臂梁结构,其上方岩层对悬臂梁施加载荷。

（1）锚索支护强度

支护密度为

$$p = \frac{n}{ca} \tag{4-76}$$

式中:c 为锚索排距;a 为巷道宽度;n 为每排锚索数量。

支护强度为

$$P = Fp \tag{4-77}$$

式中:F 为锚索拉断载荷。

根据弯曲梁理论,梁内应力分量为

$$
\begin{cases}
\sigma_x = \dfrac{My}{I} \\
\sigma_h = 0 \\
\tau_{xy} = \dfrac{F_s S}{bI}
\end{cases} \tag{4-78}
$$

式中:h 为顶板厚度;q、M 均为梁内载荷。

直接顶上、下表面水平应力为

$$\begin{cases} \sigma_x = \dfrac{6M}{bh^2}, & y = \dfrac{h}{2} \\ \sigma_x = -\dfrac{6M}{bh^2}, & y = -\dfrac{h}{2} \end{cases} \tag{4-79}$$

在走向方向上有水平应力 $\sigma_z = k\gamma H$，其中 k 为侧压系数。

根据材料力学强度理论，可以采用第二强度理论校核。

$$\sigma_1 - \mu(\sigma_2 + \sigma_3) < \sigma_s \tag{4-80}$$

由于直接顶上表面剪应力为 0，则 $\sigma_1 = \sigma_x$，$\sigma_2 = 0$，$\sigma_3 = \sigma_z$。

直接顶下表面竖直方向上应力为支护强度，与弯曲应力相比，视为高阶小量，此处不计，取 $\sigma_1 = 0$，$\sigma_2 = \sigma_x$，$\sigma_3 = \sigma_z$，竖直方向上为第一主应力，也是最大拉应变的方向，其中 σ_s 为岩石的抗拉强度，代入强度条件，直接顶上、下表面拉应变为

$$\begin{cases} \dfrac{6M}{bh^2} - \mu k\gamma H < \sigma_s, & y = \dfrac{h}{2} \\ \mu\dfrac{6M}{bh^2} - \mu k\gamma H < \sigma_s, & y = -\dfrac{h}{2} \end{cases} \tag{4-81}$$

可得，直接顶上表面和下表面的最大拉应变均在水平方向上。

其中弯矩 $M = \sum F_i x_i$，为梁模型中所有载荷的合弯矩，由以上分析可知，采动后 M 增加，其中起主要因素的是上覆岩层的压力。

上覆岩层压力为

$$F_q = \int_0^L q\,\frac{2}{\tan\alpha}(L-x)\mathrm{d}x = \int_0^L \gamma h\,\frac{2}{\tan\alpha}(L-x)\mathrm{d}x \tag{4-82}$$

弯矩为

$$M = \int_0^L \gamma h x\left[\frac{2}{\tan\alpha}(L-x)\right]\mathrm{d}x \tag{4-83}$$

式中：L 为巷道中心到顶板采空区端的长度。

此处只分析巷道中心的应力状态，其受到切顶的控制；设 $L = 4.6\ \mathrm{m}$，$F = 380\ \mathrm{kN}$。

代入式(4-83)，可得：$M = 567.8\ \mathrm{MN \cdot m}$，$\mu k\gamma H = 3\ \mathrm{MPa}$。

代入式(4-79)，可得：直接顶上表面 $\sigma_x = 16\ \mathrm{MPa}$，下表面 $\sigma_x = -16\ \mathrm{MPa}$，

代入式(4-81)，可得：上表面为

$$\sigma_x - \mu k\gamma H = 13\ \mathrm{MPa} > \sigma_s = 10.28\ \mathrm{MPa} \tag{4-84}$$

其中，直接顶上表面为中砂岩，抗拉强度为 $\sigma_s = 10\ \mathrm{MPa}$，下表面为煤层，抗拉强度为 0.29 MPa。

下表面为

$$\mu\sigma_x - \mu k\gamma H = 3.23 \text{ MPa} > 0.29 \text{ MPa} \tag{4-85}$$

可以得出上下表面岩层均发生了破坏。由岩石力学理论可知,岩石破碎后会发生扩容,岩层破碎后的厚度为

$$h_p = k_0 h \tag{4-86}$$

式中:k_0 为扩容系数,取 1.1。

顶板厚度扩容,导致顶板锚索拉力增加,易导致锚索的拉坏失效。

(2)顶板切断机理

顶板作为悬臂梁,除了承担正应力外,还要承担剪应力,剪应力公式为

$$\tau_{xy} = \frac{F_s S}{bI} \tag{4-87}$$

最大剪应力为

$$\tau_{\max} = \frac{3}{2} \frac{F_s}{A} \tag{4-88}$$

式中:A 为顶板横截面积;F_s 为截面内剪力,由上覆载荷确定。

假设在煤帮处建立坐标系,此处 $x=0$,上覆载荷为上部岩层施加的压力,取 q,为分析方便可视为均布载荷。

$$F_s = q(L-x) \tag{4-89}$$

L 为梁的长度,则剪应力为

$$\tau_{\max} = \frac{3}{2} \frac{q(L-x)}{A} \tag{4-90}$$

由式(4-88)可得,悬臂梁截面距离煤帮越远剪应力越小,同时,与上覆载荷 q、梁的长度 L 成正相关。对于整个梁,最大剪应力截面处在梁的固支端处,也是巷道上方附近。当工作面推进后,受采动的影响,上覆载荷 q 增大,顶板内的剪应力也会增大。

梁的破断有拉破断和剪断两种形式,随着剪应力的升高,若剪应力首先达到岩层的剪切强度,则易在煤帮及巷道内剪断,此时煤帮侧难以为上覆关键块提供支撑力,只能由充填墙提供,进而在巷道内形成台阶下沉,对充填墙及巷道造成较大破坏。

由式(4-82)和式(4-83)可得,弯曲变形作用下顶板易破坏,形成松散结构,主要依靠锚杆索的支护作用保持其稳定,但锚杆索的抗剪强度已大幅度下降,易出现剪断失效进而影响顶板稳定性。

在水力致裂的基础上增设注浆锚索后,巷道范围内顶板剪切强度、抗拉强度、刚度值增大,使其远高于充填墙采空区侧,有利于顶板沿充填墙外侧切断,从而有效避免台阶下沉。

4.2.4　注浆锚索与水力致裂切顶联合支护力学机制

4.2.4.1　联合控制力学模型

靠近充填墙侧上覆典型坚硬岩层在水力致裂作用下弱化和切顶。在 4.2.1 节对象是直接顶,从切顶施工工艺上可知,直接顶不在压裂范围内,所以其结构相对完整,可以简化成板结构进行分析,而被水力致裂弱化的坚硬岩层,因局部裂隙发育,使得板结构不再完整。因此,在此条件下再将岩层简化成板结构不合适,此处将致裂岩层顶板中从沿空留巷煤帮侧到切顶弱化区之间岩层,简化成悬臂梁结构,如图 4-19 所示。

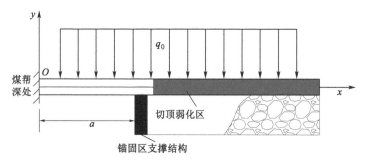

图 4-19　水力致裂切顶岩层受力结构图

如图 4-19 所示,其中 $q_0 = (k-1)\gamma H$,为上覆岩层的合力,当工作面推进到水力致裂区域前,k 为超前应力增高系数。当受到超前采动影响时应力升高,使得梁发生弯曲,其下方的锚固圈对该岩层起到支撑作用。将支撑力简化为其中力 F_1。

$$\omega(a) = \frac{F_1 h_1}{E_1 A} \tag{4-91}$$

式中:ω 为锚固圈的压缩量,也是梁在此处的挠度;$E_1 A$ 是锚固圈的整体刚度;h_1 为锚固圈的高度。

悬臂梁自由端可由冒落岩石支撑。当悬臂梁在上覆盖岩层的压力作用下,产生向下的挠度,悬臂梁压缩冒落区岩石,冒落区对悬臂梁提供支撑反力 F_2。

单位面积的支撑力为

$$\begin{cases} f_g = K_g s_y \\ s_y = s_0 + x\sin\theta - [M - h(K-1)] \end{cases}$$

为简化计算,假设冒落区全部充满采空区,则压缩量 $s_y = \omega(x)$,K_g 为冒落区的支撑系数,f_g 为单位面积的支撑力,s_y 为冒落区的压缩量,K 为碎胀系数,

θ 为量的倾斜角度，M 为煤的采高，s_0 为梁的直接减小量。

则冒落区对梁的支撑总力为

$$F_2 = \int_a^L K_{\mathrm{g}} \omega(x) \mathrm{d}x \tag{4-92}$$

可得，F_2 的大小与梁的挠度有关，而挠度是沿 x 轴变化的；关于此结构的求解问题是二次超静定梁，可将梁的载荷继续简化。

将锚固圈简化为弹性体，对梁的载荷简化成集中力；假设冒落区各处的压缩量是相同的，大小为梁采空区端最大挠度的 $1/2$，支撑力简化成均布载荷。则简化后的支撑力总力表达式为

$$F_2 = \frac{1}{2} K_{\mathrm{g}} \omega(L) L \tag{4-93}$$

其中，$\dfrac{F_2 h_2}{E_2 A_2} = \omega(L)$。

在 $a < x \leqslant L$ 范围内，冒落岩层的平均刚度为

$$E_2 A_2 = \frac{1}{2} K_{\mathrm{g}} L h_2 \tag{4-94}$$

从简化的力学模型可得，锚固圈和致裂切顶的岩层形成两次超静定梁结构，锚固圈的载荷和变形受到致裂切顶岩层变形作用的影响；另外，锚固圈也对该岩层提供反作用力载荷 F。锚固圈的压缩量和梁在此处的挠度相等，为变形协调条件。

梁的挠度为

$$\omega(x) = \frac{q_0 x^2}{24 EI}(x^2 + 6L^2 - 4Lx) - \frac{(F_1 + F_2) x^2}{6EI}(3a - x) -$$
$$\frac{F_2(L-a) x^2}{2EI} \quad (0 < x \leqslant a) \tag{4-95}$$

在 $a < x \leqslant L$ 范围内，上覆岩层压力引起的挠度为

$$\omega_{\mathrm{q}}(x) = \frac{q_0 x^2}{24 EI}(x^2 + 6L^2 - 4Lx) \tag{4-96}$$

锚固圈的支撑力挠度为

$$\omega_{F_1}(x) = \frac{F_1 a^2}{6EI}(3x - a) \tag{4-97}$$

冒落区支撑力引起的挠度为

$$\omega_{F_2} = \frac{F_2 x^2}{6EI}(3L - x) \tag{4-98}$$

总挠度为

$$\omega = \omega_{\mathrm{q}} - \omega_{F_1} - \omega_{F_2} \quad (a < x \leqslant L) \tag{4-99}$$

根据变形协调条件,此处挠度为

$$\begin{cases} \omega(a) = \dfrac{F_1 h_1}{E_1 A} \\ \omega(L) = \dfrac{F_2 h_2}{E_2 A_2} \end{cases} \tag{4-100}$$

通过计算可以分别得到以 F_1、F_2 为未知数的二元一次方程组,从而确定支撑力。

梁内的弯矩:

当 $0 < x \leqslant a$ 时

$$M(x) = \frac{1}{2} q(L-x)^2 - (F_1 + F_2)(a-x) - F_2(L-a) \tag{4-101}$$

当 $a < x \leqslant L$ 时

$$M(x) = \frac{1}{2} q(L-x)^2 - F_2(L-x) \tag{4-102}$$

梁内的剪应力为

$$\tau = \frac{F_s}{A} \tag{4-103}$$

式中:F_s 为梁内剪力,表达式为 $F_s = q(L-a) - F_2$;A 为梁的截面积,设宽度为 1,则 $A = 1 \times h$。

4.2.4.2 算例分析

设水力致裂岩层的厚度为 8 m,弹性模量 E 为 42 GPa,梁固支端在锚固圈的实体煤侧边缘,锚固圈的宽度为 8.6 m,则其对梁的支撑点在中心,所以 $a = 4.3$ m;冒落区的支撑系数 K_g 取 2.5 MPa/m;锚固圈与巷道的高度之和 h_1 为 10 m;裂隙区高度 $h_2 = 10$ m,面积 $A_2 = L \times 1$,上述参数均为定量。

变量主要有:梁的长度分别取 10 m、15 m 和 20 m;锚固圈的弹性模量 E_1 初始状态为 1.0 GPa,根据不同的锚固强度,可假设锚固圈的弹性模量得到提高,最高提升至 2.0 GPa,取值分别为 1.0 GPa、1.5 GPa 和 2.0 GPa。

图 4-20 为不同梁的外伸长度下,提高锚固圈刚度后,顶板内剪应力变化趋势。在梁的外伸端处,剪应力为 0,越靠近锚固圈处剪应力越大,而锚固圈刚度的提升可使梁内剪应力增加。如图 4-20(a)所示,锚固圈弹性模量从 1.0 GPa 提高到 1.5 GPa 及 2.0 GPa 后,巷道外侧上方的剪应力分别提高了 0.6 MPa、1.0 MPa,说明加强巷道支护可有助于顶板切断,以减小采动压力,可以称之为支护切断效应。

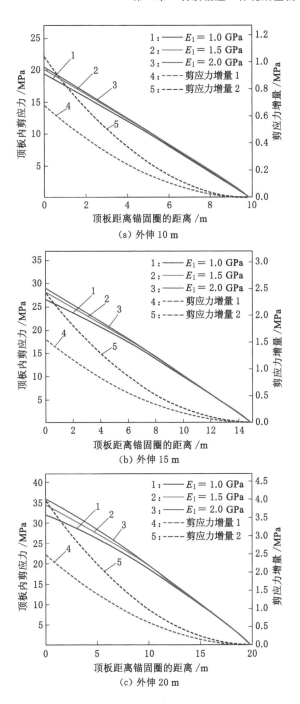

图 4-20　顶板内剪应力与梁的外伸长度、支护圈刚度关系

此外,梁的外伸长度对支护切断效应有明显的加强,如图 4-20(b)、(c)所示,当梁的外伸长度为 15 m 时,剪应力增量分别为 1.47 MPa、2.33 MPa,支护切断效应更明显,而外伸长度为 20 m 时,剪应力增量分别为 2.34 MPa、3.78 MPa,比补强支护前,剪应力提高了 10%,效果十分显著。

另外,顶板靠近支护圈部分范围内通过注水压裂弱化后,其内部裂隙发育,剪应力降低,更易发生剪断破坏;而通过计算发现,此段范围内剪应力较高,支护切断效应也在此段范围内最明显。因此,通过注浆锚索加强支护,提高顶板内的剪应力,可有助于致裂岩层在支护圈外侧剪断,以减小外伸长度,从而大幅度降低采动应力对沿空留巷围岩的破坏程度。

第5章 沿空留巷围岩稳定控制关键参数优化

在对沿空留巷切顶锚注一体化力学作用机制研究的基础上,本章主要结合中兴煤业典型深部近距离煤层群沿空留巷的生产地质条件,采用大型三维数值模拟软件 FLAC3D 优化确定沿空留巷切顶锚注一体化技术中的关键参数,从第4章可得,水力致裂主要起覆岩大结构卸压作用,因此首先对水力致裂的主要参数进行优化,并在其优化结果的基础上,再对注浆锚索的主要参数进行优化,最后对优化后的支护参数在 3205 材料巷留巷应用效果进行综合模拟评估,从而为下一阶段的现场工程试验提供参考基础。

5.1 水力致裂切顶主要参数优化

利用数值模拟软件 FLAC3D,并依据 3203 工作面覆岩层分布特征,建立数值计算模型,如图 5-1 所示,该模型与第2章未设置水力致裂和注浆锚索覆岩层模型基本一致,包括顶板煤岩层物理力学参数和巷旁支护体参数,主要区别在于增加了水力致裂切顶单元模块分组,如图 5-2 所示,赋予各分组与所在岩层相同的属性。根据顶板岩性结构,设置钻孔前 17 m 长度为封孔段,未产生明显破坏,钻孔 17 m 以后的单元则根据致裂长度不同形成对应的不连续面,模拟水力致裂弱化范围。另外,为减小工作面回采过程超前采动应力对钻孔的影响,综合考虑模型尺寸和网格划分情况,设置切顶钻孔施工超前 3203 工作面 80 m 进行,切顶长度为 20 m 时,封孔段长度 17 m,水力致裂段长度为 3 m。

5.1.1 模拟方案设置

钻孔位置结合 3203 工作面生产地质条件以及对沿空留巷覆岩层的卸压要求,确定钻孔与模型中岩层水平位置呈 45°倾斜角度,钻孔直径为 60 mm,但钻孔方位角布置和钻孔长度对开采过程中切顶卸压效果具有重要影响,在此主要模拟优化水力致裂对沿空留巷围岩作用过程中钻孔长度和方位角参数,主要通过分析水力致裂切顶卸压后不同开采阶段的影响程度,进而评判煤岩层卸压效果和优化确定参数。

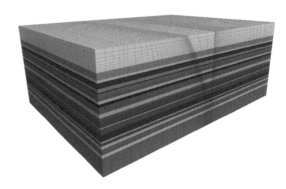

图 5-1　水力致裂切顶数值计算模型

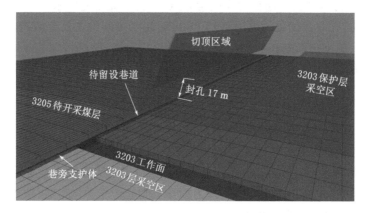

图 5-2　水力致裂切顶模拟结构的布置

5.1.1.1　钻孔方位角优化

　　设置钻孔长度为 30 m,模型中岩层厚度、钻孔位置及参数如表 5-1 和图 5-3 所示,改变钻孔方位角,分别为斜向采空区 27°,正对煤壁 0°以及斜向工作面前方 27°,研究不同方位角条件对沿空留巷围岩的作用效果。

表 5-1　钻孔长度 30 m 时不同方位角设置方案

方案	钻孔长度/m	倾角/(°)	方位角/(°)
1	30	45	27
2	30	45	0
3	30	45	−27

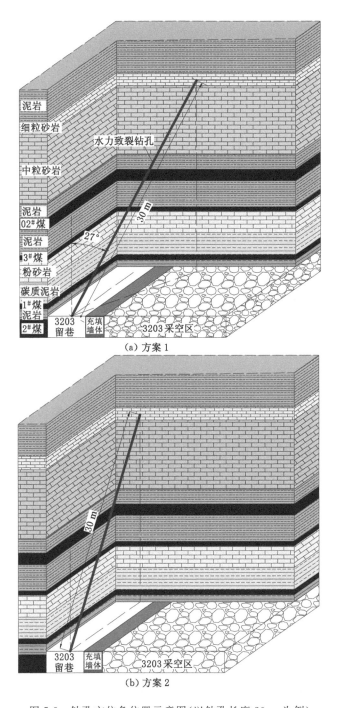

图 5-3　钻孔方位角位置示意图(以钻孔长度 30 m 为例)

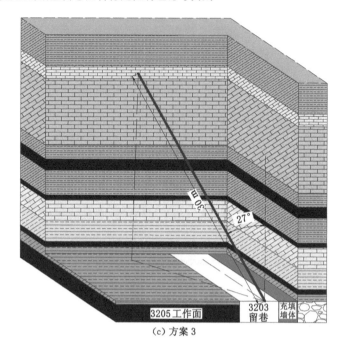

(c) 方案 3

图 5-3(续)

5.1.1.2 钻孔长度优化

设置钻孔方位角为斜向采空区 27°,模型中岩层厚度、钻孔位置及参数如表 5-2 和图 5-4 所示,改变钻孔长度值,分别为 20 m、30 m 和 40 m,研究不同钻孔长度条件对沿空留巷围岩作用效果。

表 5-2　不同钻孔长度条件模拟方案

方案	钻孔长度/m	倾角/(°)	方位角/(°)
1	20	45	27
2	30	45	27
3	40	45	27

5.1.2　模拟主要过程

5.1.2.1　不同钻孔方位角条件下水力致裂切顶卸压

在原有模型的基础上,建立钻孔长度为 20 m 且不同钻孔方位角条件的三个数值计算模型,如图 5-5 所示,依次模拟分析三种方案条件并随 3203、30205 和 3205 工作面开采下监测点的垂直应力分布特征,垂直应力监测点如图 2-23 所示。

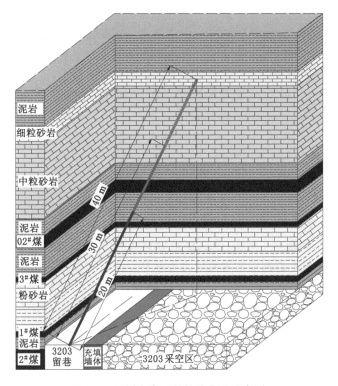

图 5-4　不同方案下的钻孔位置示意图

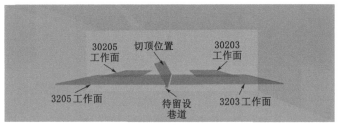

（a）方案 1

（b）方案 2

图 5-5　不同钻孔方位角条件下的钻孔位置示意图

（c）方案 3

图 5-5（续）

5.1.2.2　不同钻孔长度条件下水力致裂切顶卸压

在原有模型的基础上，建立钻孔方位角为 27°且不同钻孔长度条件的三个数值计算模型，如图 5-6 所示，依次模拟分析三种方案条件并随 3203、30205 和 3205 工作面开采下监测点的垂直应力分布特征。

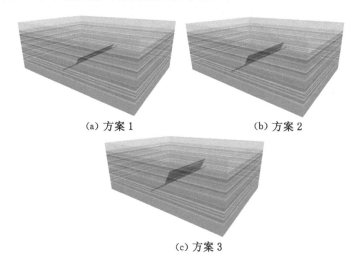

（a）方案 1　　　　　　　　　　（b）方案 2

（c）方案 3

图 5-6　不同钻孔长度条件下水力致裂切顶模型示意图

5.1.3　模拟结果分析

5.1.3.1　水力致裂切顶过程不同钻孔方位角参数的优化

图 5-7 为随工作面开采三种不同方位角方案下垂直应力变化特征，其中图（a）、（b）、（c）分别为 3203、30205、3205 工作面顺序开采 240 m、240 m 和160 m 位置时不同方案下各监测点的垂直应力值，可得：

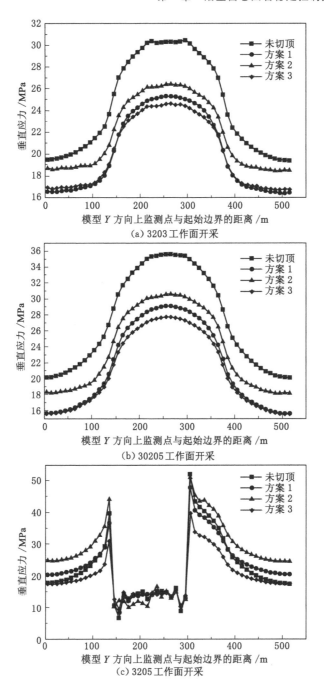

图 5-7　随工作面开采不同方位角方案下监测点的垂直应力变化特征

（注：方案 1—方位角为 $-27°$；方案 2—方位角为 $0°$；方案 3—方位角为 $27°$）

（1）三种方案下水力致裂切顶卸压后监测点的垂直应力整体均较切顶前有较大程度的降低，在 3203 工作面开采时，水力致裂卸压前监测点最大垂直应力为 30.43 MPa，而在方案 3 水力致裂切顶卸压后最大垂直应力值为24.52 MPa，最大垂直应力值降低 19.42%，说明水力致裂切顶可显著降低留巷围岩应力值。

（2）不同工作面（3203、30205 和 3205 工作面）开采时，采动主要影响区域的整体垂直应力值由高到低分别为方案 2、方案 1、方案 3，说明在这三种方案中，方案 2，即方位角为 0 时对沿空留巷围岩卸压效果作用最弱，而方案 3，即方位角为 27°时对沿空留巷围岩卸压效果作用最显著。

（3）就最大垂直应力值变化而言，3203 工作面开采时，方案 2、方案 1 和方案 3 监测点的最大垂直应力值分别为 26.37 MPa、25.30 MPa 和 24.52 MPa，同样说明方案 3 较其他两种方案，其垂直应力卸压更明显。另外，在 3203 工作面开采后，随着 30205 工作面和 3205 工作面顺序开采，方案 3 较其他两种方案而言应力值显著降低，卸压效果更为突出。在 30205 工作面开采时，方案 3 时监测点的最大垂直应力为 27.76 MPa，而方案 2 和方案 1 分别达到 30.57 MPa 和 29.11 MPa；在 3205 工作面开采时，超前工作面监测点最大垂直应力值，对于方案 3 为 39.88 MPa，而方案 1 和方案 2 分别达到 50.93 MPa 和 47.73 MPa。

随工作面开采三种不同方位角方案下采空区中部沿倾向垂直应力的变化特征如图 5-8～图 5-9 所示，可得：方案 3 卸压范围较另外两种方案更大，采集巷道围岩各点数值进行比较也可得出，方案 3 整体的应力值较小。

综上可得：方案 3 较其他两种方案而言，不同工作面开采过程中监测点垂直应力值更小，对沿空留巷围岩卸压效果更优。

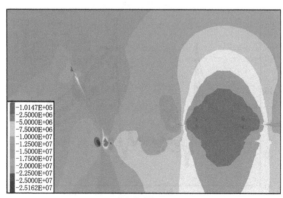

（a）切顶 20 m

图 5-8　3203 工作面开采不同方位角方案下

采空区中部沿倾向垂直应力变化特征

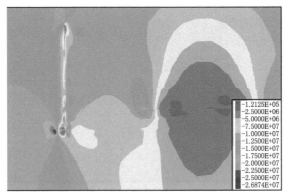

（b）切顶 30 m

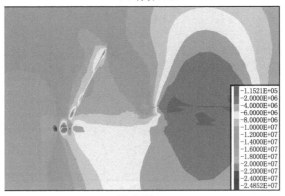

（c）切顶 40 m

图 5-8（续）

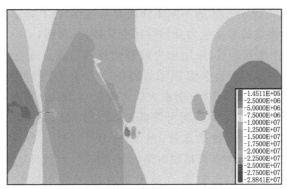

（a）方案 1

图 5-9　30205 工作面开采不同方位角方案下
采空区中部沿倾向垂直应力变化特征

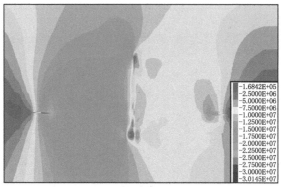

(b) 方案 2

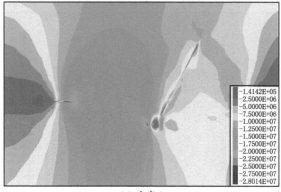

(c) 方案 3

图 5-9（续）

5.1.3.2　水力致裂切顶过程不同切顶长度参数的优化

图 5-10～图 5-19 分别为随不同工作面开采过程,在不同钻孔长度的水力致裂切顶作用下监测点的垂直应力及塑性区变化特征,可得:

（1）不同工作面开采后,采用水力致裂切顶的监测点垂直应力均远低于未切顶的监测点,在 3203 工作面回采 160 m 时,未切顶时最大垂直应力为 31.14 MPa,而切顶长度为 20 m 时最大值可降低至 27.03 MPa,切顶 30 m 时可降低至 24.63 MPa,切顶 40 m 时可降低至 23.22 MPa,分别降低了 13.20%、20.91% 和 25.44%,卸压效果显著;当 3203 和 30203 工作面开采完毕后,随 3205 工作面回采 160 m 时,未切顶时最大垂直应力为 52.13 MPa,而切顶长度为 20 m、30 m 和 40 m 后,监测点最大垂直应力分别降低至 44.37 MPa、39.88 MPa 和 37.20 MPa,分别降低了 14.89%、23.50% 和 28.64%,降幅均很明显;以切顶 30 m 为例,随 30203、3203、30205 和 3205 工作面开采后,在 3203 运输巷留巷前后最大应力集中分别为 20.37 MPa、25.38 MPa、30.54 MPa、39.88 MPa,最大应力集中系数分别为 1.31、1.64、1.97 和 2.57,显著低于切顶前的最大应力集中系数;切顶前后以及不同切顶长度条件下对应的塑性区范围如图 5-18～图 5-19 所示,综合说明水力致裂切顶对于沿空留巷围岩具有显著的卸压效果。

　　(2) 随不同工作面的顺序开采,切顶长度越大,相应地监测点的垂直应力值就越小,即对于顶板的卸压效果整体也越好。另外,当切顶长度从 20 m 增加至 30 m 时,对于监测点垂直应力值的降低程度远大于切顶长度由 30 m 增加为 40 m 时:如当 3203 工作面回采 240 m,切顶长度为 20 m、30 m 和 40 m 时监测点的最大垂直应力值分别为 29.47MPa、25.38 MPa 和 24.83 MPa,可得切顶长度从 20 m 增加至 30 m 时垂直应力值的减小幅度为 13.88%,而切顶长度从 30 m 增加至 40 m 时,减小幅度仅为 2.17%;同样,当 3203 工作面开采完毕,30205 工作面开采 80 m,切顶长度为 20 m、30 m 和 40 m 时监测点的最大垂直应力值分别为 32.27 MPa、27.95 MPa 和 26.50 MPa,可得切顶长度从 20 m 增加至 30 m 时垂直应力值的减小幅度为 13.39%,而切顶长度从 30 m 增加至 40 m 时,减小幅度仅为 5.19%。但是,切顶长度越大相应的钻孔成本也越高,再者,从煤层平面图和沿工作面倾斜方向也可得出,切顶长度从 20 m 增加至 30 m 时,煤层平面垂直应力变化较大;而当切顶长度由 30 m 增加至 40 m 时,煤层平面垂直应力变化差别较小,综合确定 30 m 为合理的钻孔长度。

　　(3) 对于同一工作面不同开采范围时,可得随切顶长度增大,相应地监测点的垂直应力值也越小,即对于顶板的卸压效果整体也越好。但同样,当钻孔长度由 20 m 增加到 30 m 时,监测点垂直应力值的降低程度远大于切顶长度由 30 m 增加至 40 m 的情况。在 30205 工作面开采 80 m,切顶长度为 20 m、30 m 和 40 m 时监测点最大垂直应力值分别为 32.27 MPa、27.95 MPa 和 26.5 MPa,可得切顶长度从 20 m 增加至 30 m 时垂直应力值的减小幅度为 13.38%,而切顶长度从 30 m 增加至 40 m 时,减小幅度仅为 5.19%,即切顶长度由 30 m 增加为 40 m 时垂直应力差别较小,而切顶长度由 20 m 增加至 30 m 时,垂直应力减小明显。在 30205 工作面开采 160 m,切顶长度为 20 m、30 m 和 40 m 时,监测点最大垂直应力值分别为 33.58 MPa、29.24 MPa 和 28.23 MPa,可得切顶长度从 20 m 增加至 30 m 时垂直应力值的减小幅度为 12.92%,而切顶长度从 30 m 增加至 40 m 时,减小幅度仅为 3.45%。在 30205 工作面开采 240 m,切顶长度为 20 m、30 m 和 40 m 时,监测点最大垂直应力值分别为 34.48 MPa、30.54 MPa 和 29.66 MPa,可得切顶长度从 20 m 增加至 30 m 时垂直应力值的减小幅度为11.43%,而切顶长度从 30 m 增加至 40 m 时,减小幅度为 2.88%,均呈现同样的变化特征。从煤层平面图中同一工作面不同开采范围也可得出,切顶长度由 20 m 增加至 30 m 时,煤层平面垂直应力变化较大;而当切顶长度由 30 m 增加至 40 m 时,煤层平面垂直应力变化差别较小,综合优化确定 30 m 为合理钻孔长度。

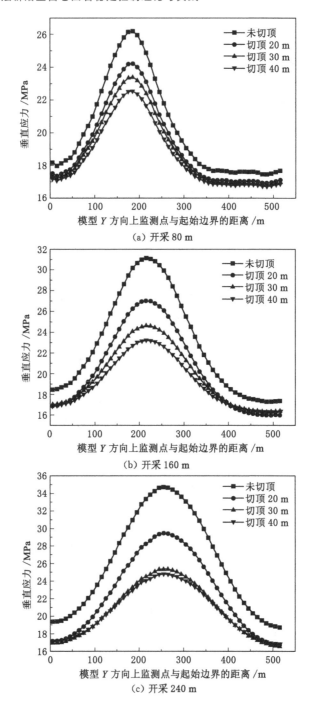

(a) 开采 80 m

(b) 开采 160 m

(c) 开采 240 m

图 5-10　3203 工作面开采巷道围岩应力分布及演化规律

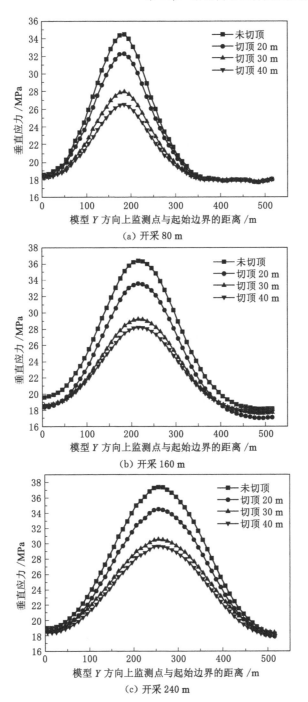

(a) 开采 80 m

(b) 开采 160 m

(c) 开采 240 m

图 5-11　30205 工作面开采时不同推进距离下煤层平面的垂直应力分布

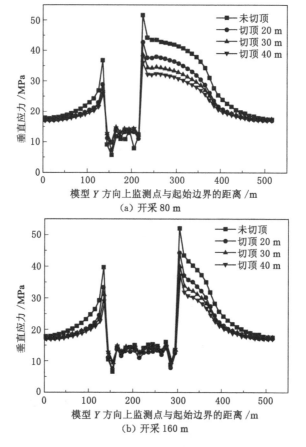

图 5-12   3205 工作面开采时不同推进距离下煤层平面的垂直应力分布

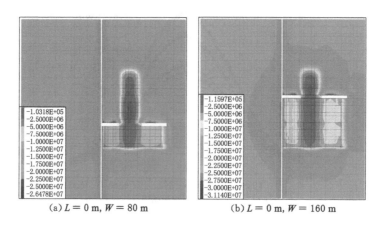

图 5-13   不同切顶长度方案下随 3203 工作面回采煤层平面的垂直应力分布特征

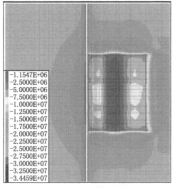

(c) $L = 0$ m, $W = 240$ m

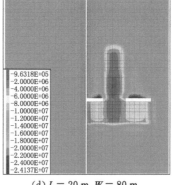

(d) $L = 20$ m, $W = 80$ m

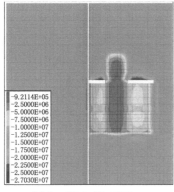

(e) $L = 20$ m, $W = 160$ m

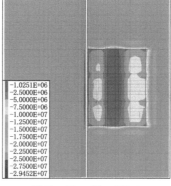

(f) $L = 20$ m, $W = 240$ m

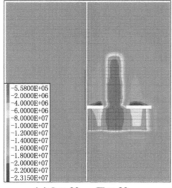

(g) $L = 30$ m, $W = 80$ m

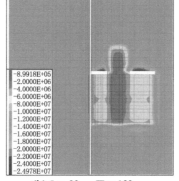

(h) $L = 30$ m, $W = 160$ m

图 5-13（续）

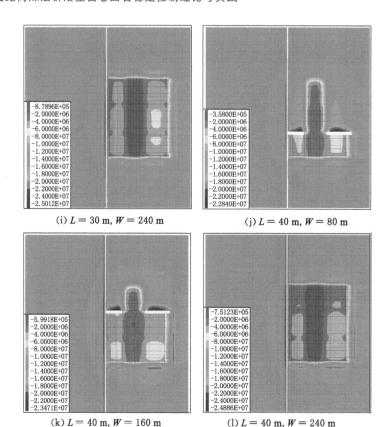

(i) $L = 30$ m, $W = 240$ m
(j) $L = 40$ m, $W = 80$ m

(k) $L = 40$ m, $W = 160$ m
(l) $L = 40$ m, $W = 240$ m

图 5-13（续）

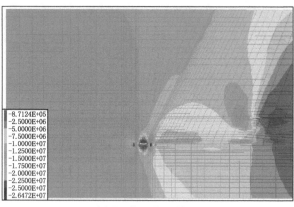

(a) $L = 0$ m, $W = 80$ m

图 5-14 不同切顶长度方案下随 3203 工作面回采沿倾向采场中部的垂直应力分布特征

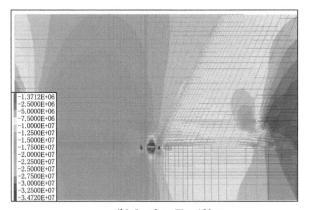

(b) $L = 0$ m, $W = 160$ m

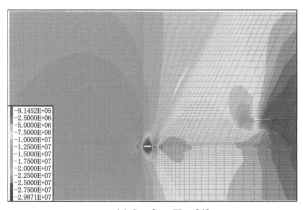

(c) $L = 0$ m, $W = 240$ m

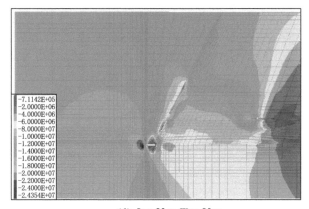

(d) $L = 20$ m, $W = 80$ m

图 5-14（续）

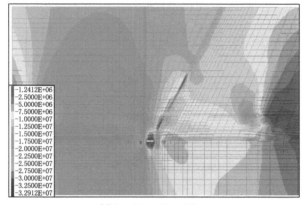

(e) $L = 20$ m, $W = 240$ m

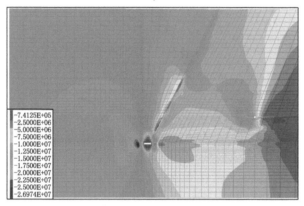

(f) $L = 20$ m, $W = 240$ m

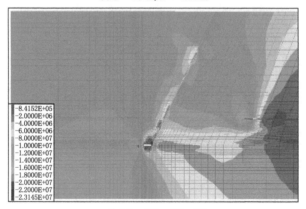

(g) $L = 30$ m, $W = 80$ m

图 5-14（续）

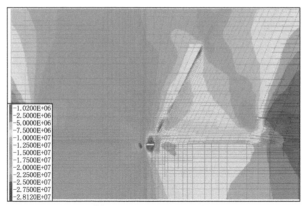

(h) $L = 30$ m, $W = 160$ m

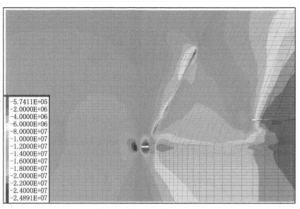

(i) $L = 30$ m, $W = 240$ m

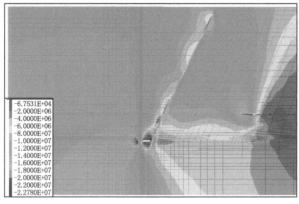

(j) $L = 40$ m, $W = 80$ m

图 5-14（续）

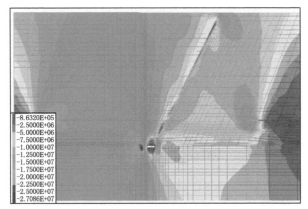

(k) $L = 40$ m, $W = 160$ m

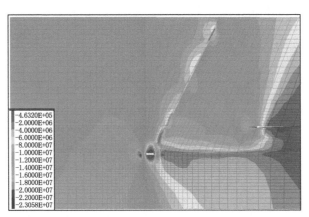

(l) $L = 40$ m, $W = 240$ m

图 5-14（续）

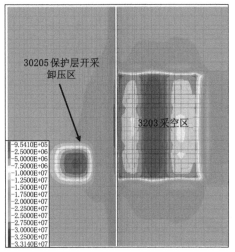

(a) $L = 20$ m, $W = 80$ m

(b) $L = 20$ m, $W = 160$ m

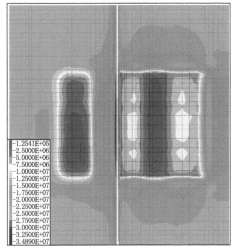

(c) $L = 20$ m, $W = 240$ m

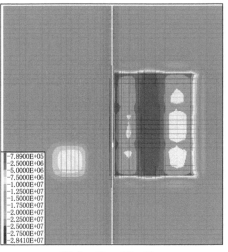

(d) $L = 30$ m, $W = 80$ m

图 5-15　不同切顶长度方案下随 30205 工作面回采煤层平面的垂直应力分布特征

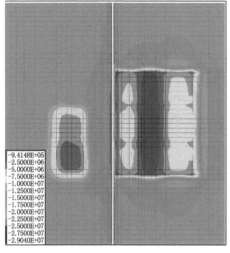

(e) $L = 30$ m, $W = 160$ m

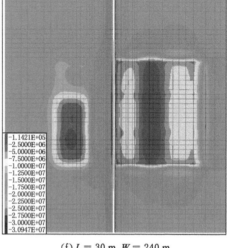

(f) $L = 30$ m, $W = 240$ m

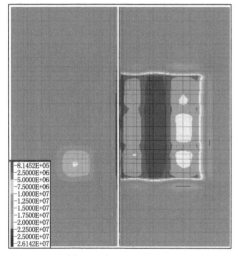

(g) $L = 40$ m, $W = 80$ m

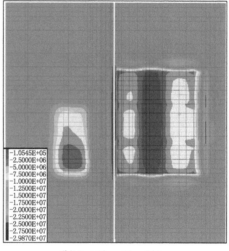

(h) $L = 40$ m, $W = 160$ m

图 5-15（续）

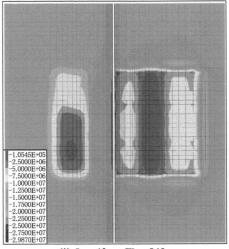

(i) $L = 40$ m, $W = 240$ m

图 5-15（续）

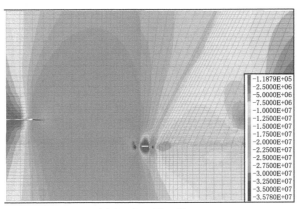

(a) $L = 0$ m, $W = 80$ m

图 5-16 不同切顶长度方案下随 30205 回采工作面
沿倾向采场中部的垂直应力分布特征

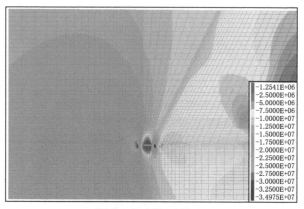

(b) $L = 0$ m, $W = 160$ m

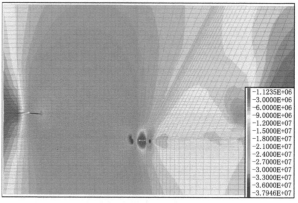

(c) $L = 0$ m, $W = 240$ m

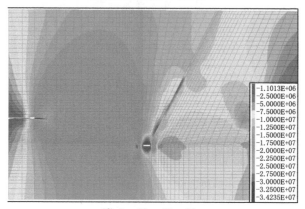

(d) $L = 20$ m, $W = 80$ m

图 5-16（续）

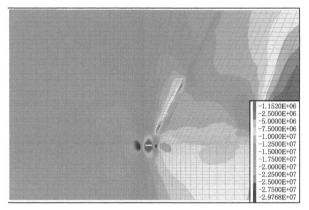

(e) $L = 20$ m, $W = 160$ m

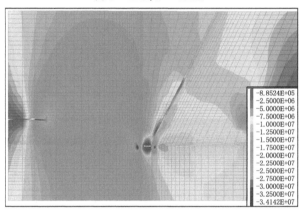

(f) $L = 20$ m, $W = 240$ m

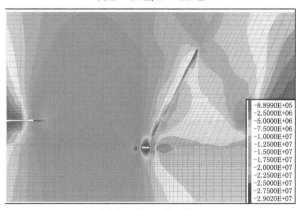

(g) $L = 30$ m, $W = 80$ m

图 5-16（续）

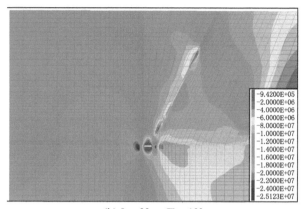

(h) $L = 30$ m, $W = 160$ m

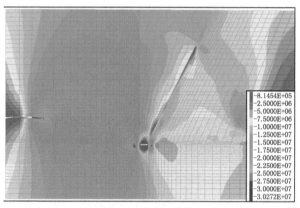

(i) $L = 30$ m, $W = 240$ m

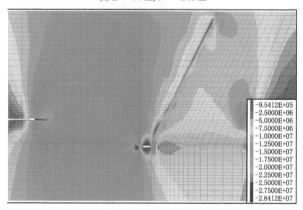

(j) $L = 40$ m, $W = 80$ m

图 5-16 (续)

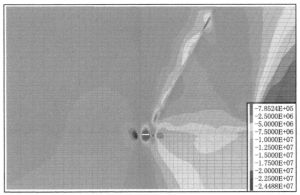

(k) $L = 40$ m, $W = 160$ m

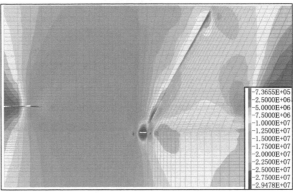

(l) $L = 40$ m, $W = 240$ m

图 5-16（续）

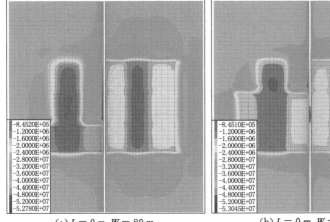

(a) $L = 0$ m, $W = 80$ m　　　　　(b) $L = 0$ m, $W = 160$ m

图 5-17　不同切顶长度方案下随 3205 工作面回采煤层平面的垂直应力分布特征

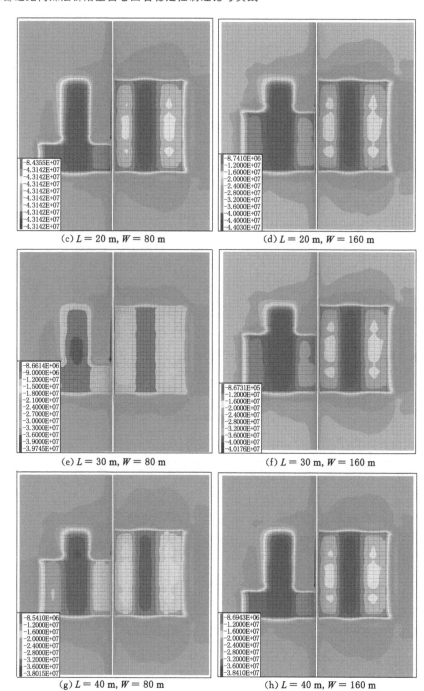

(c) $L = 20$ m, $W = 80$ m

(d) $L = 20$ m, $W = 160$ m

(e) $L = 30$ m, $W = 80$ m

(f) $L = 30$ m, $W = 160$ m

(g) $L = 40$ m, $W = 80$ m

(h) $L = 40$ m, $W = 160$ m

图 5-17（续）

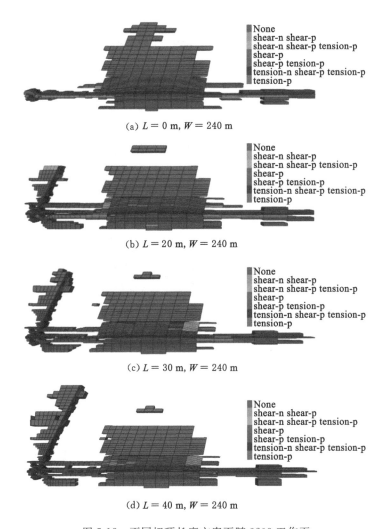

(a) $L = 0$ m, $W = 240$ m

(b) $L = 20$ m, $W = 240$ m

(c) $L = 30$ m, $W = 240$ m

(d) $L = 40$ m, $W = 240$ m

图 5-18　不同切顶长度方案下随 3203 工作面
回采沿倾向采空区中部塑性区分布特征

(a) $L = 0$ m, $W = 240$ m

图 5-19　不同切顶长度方案下随 3205 工作面回采沿倾向采空区中部塑性区分布特征

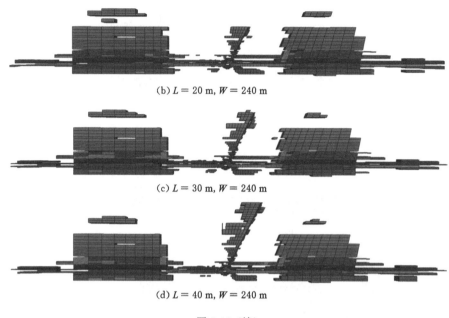

(b) $L = 20$ m, $W = 240$ m

(c) $L = 30$ m, $W = 240$ m

(d) $L = 40$ m, $W = 240$ m

图 5-19（续）

5.2 顶板注浆锚索关键参数优化

在水力致裂切顶主要参数优化确定的基础上，本节对注浆锚索的主要参数进行优化确定。注浆锚索集合了注浆和锚索支护作用，从注浆角度主要包括注浆压力，并在对注浆压力确定的基础上，再分别确定注浆锚索的间距和长度。

5.2.1 模拟方案设置

5.2.1.1 注浆压力

根据已有的文献分析可得锚索注浆压力与注浆半径之间的关系，注浆压力为 1 MPa、3 MPa、5 MPa 时，注浆半径分别为 0.997 m、1.510 m、1.750 m，如图 5-20 所示。在此基础上，本模拟过程中取整进行参数取值分析，将单根注浆锚索注浆后扩散半径（R）分别设置为 1.0 m、1.5 m、2.0 m 和 2.5 m，以对应注浆压力（p）取值为 1 MPa、3 MPa、5 MPa 和大于 5 MPa 进行分析，如图 5-21 所示。

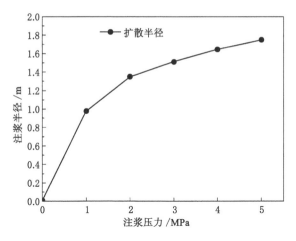

图 5-20　注浆锚索中注浆压力和注浆半径之间的对应关系

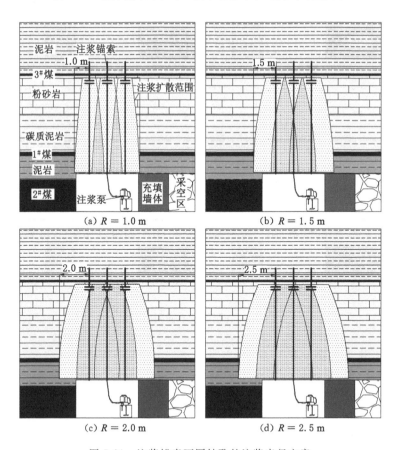

图 5-21　注浆锚索不同钻孔的注浆半径方案

5.2.1.2 注浆锚索间距

根据巷道尺寸和生产地质条件，选择注浆锚索根数分别为 1 根、2 根、3 根、4 根，对应的注浆锚索间距分别为 0 m、1.4 m、1.2 m、0.84 m，如图 5-22 所示。

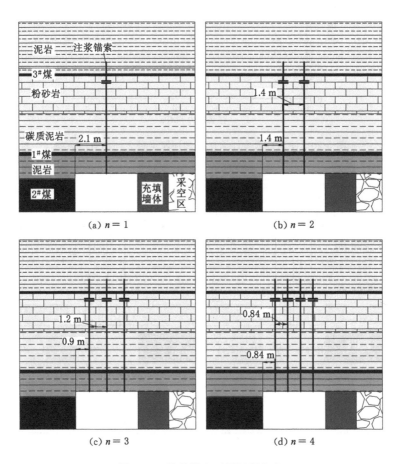

图 5-22　注浆锚索不同间距方案

5.2.1.3 注浆锚索长度

根据巷道顶板岩层岩性和厚度，选择注浆锚索长度分别为：5.3 m、6.3 m、7.3 m 和 8.3 m，如图 5-23 所示。

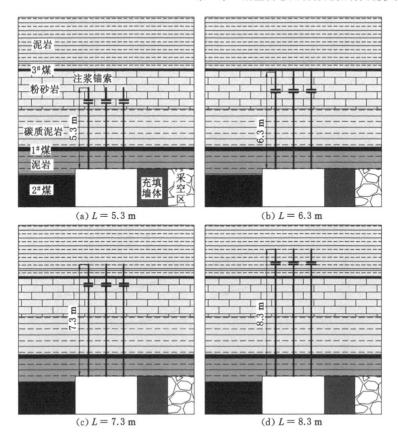

图 5-23 注浆锚索不同长度方案

5.2.2 模拟结果分析

5.2.2.1 注浆压力的优化确定

本部分共建立 4 个数值计算模型,分别模拟了注浆锚索的注浆压力为 1 MPa、3 MPa、5 MPa 和超过 5 MPa(注浆压力超过 5 MPa,注浆扩散半径为 2.5 m)时 3203 运输巷留巷围岩变形量(表 5-3)及留巷围岩变形特征(图 5-24～图 5-27)。

通过对比不同注浆压力条件下 3203 运输巷留巷的顶板、两帮和底板变形量,可得:随着注浆锚索注浆压力的增加,整体变形量均呈减小趋势;但顶板和两帮的减小幅度大于底板,这主要是由于随着顶板注浆压力的增加,注浆扩散后大幅度减小顶板深部离层和浅部的弯曲变形,同时也对两帮的变形产生影响,进而造成两帮和顶板的变形量减小。不同注浆压力时,巷道底鼓量差别较小,由此可见注浆锚索对底鼓量的影响较小。

表 5-3　不同注浆压力时 3203 运输巷留巷围岩变形量

注浆压力 /MPa	两帮移近量 /mm	两帮移近量 比值/%	底鼓量 /mm	底鼓量比值 /%	顶板下沉量 /mm	顶板下沉量 比值/%
1	1 008.88	100.00	477.04	100.00	807.79	100.00
3	860.90	85.33	399.38	83.72	710.18	87.92
5	740.97	73.44	370.19	77.60	570.18	70.59
>5	693.16	68.71	352.12	73.81	521.92	64.61

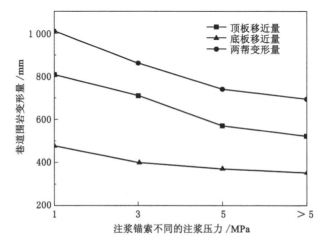

图 5-24　注浆锚索不同注浆压力与 3203 运输巷留巷围岩变形量之间的关系

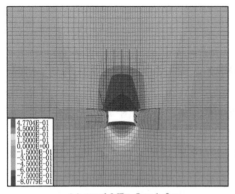

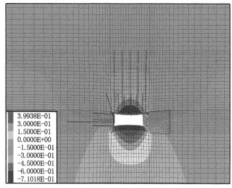

(a) $p = 1$ MPa, $R = 1.0$ m　　　　　　(b) $p = 3$ MPa, $R = 1.5$ m

图 5-25　不同注浆压力时 3203 运输巷留巷围岩垂直位移变化特征

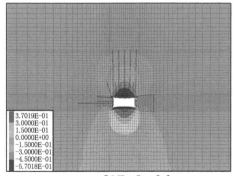
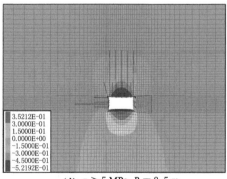

(c) $p = 5\,\text{MPa}, R = 2.0\,\text{m}$　　　　　(d) $p > 5\,\text{MPa}, R = 2.5\,\text{m}$

图 5-25（续）

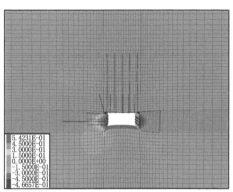
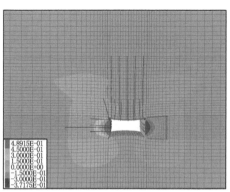

(a) $p = 1\,\text{MPa}, R = 1.0\,\text{m}$　　　　　(b) $p = 3\,\text{MPa}, R = 1.5\,\text{m}$

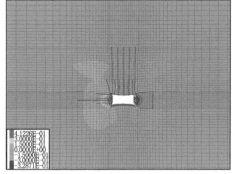
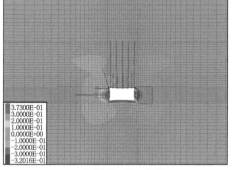

(c) $p = 5\,\text{MPa}, R = 2.0\,\text{m}$　　　　　(d) $p > 5\,\text{MPa}, R = 2.5\,\text{m}$

图 5-26　不同注浆压力时 3203 运输巷留巷围岩水平位移变化特征

　　当注浆压力由 1 MPa 增加到 3 MPa 时，两帮移近量逐渐减小，减小了 14.67%，同时顶板下沉量也减小了 12.08%；当注浆压力由 3 MPa 增加到

5 MPa 时,两帮移近量逐渐减小,减小了 13.93%,同时顶板下沉量也减小了 19.71%。由此可见,当注浆压力由 1 MPa 增加到 5 MPa 时,注浆锚索能较好地控制顶板下沉量和两帮移近量。当注浆锚索压力由 5 MPa 增加到超过 5 MPa 后(注浆扩散半径为 2.5 m),顶板下沉量减小了 8.46%,两帮移近量减小了 6.45%。由此可见,当注浆锚索压力大于 5 MPa 时,随着注浆压力的增加,注浆锚索对顶板和底板的控制效果并不明显。另外,从不同注浆压力时 3203 运输巷留巷围岩塑性区分布特征可得:随着注浆压力的增加,顶板塑性破坏区范围也不断减小,尤其是当注浆压力由 3 MPa 增加到 5 MPa 时,顶板塑性破坏区范围降低幅度最显著,有利于留巷顶板的稳定,而当注浆压力从 5 MPa 增加到超过 5 MPa 后(注浆扩散半径为 2.5 m),顶板塑性破坏区范围并不明显。综上所述,注浆锚索的注浆压力确定为 5 MPa。

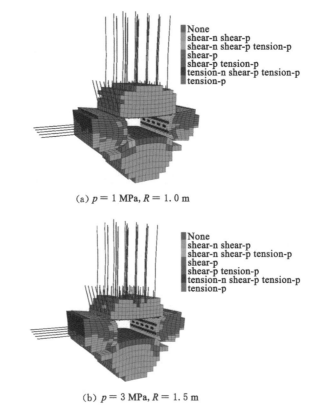

(a) $p = 1\,\text{MPa}, R = 1.0\,\text{m}$

(b) $p = 3\,\text{MPa}, R = 1.5\,\text{m}$

图 5-27 不同注浆压力时 3203 运输巷留巷
围岩塑性破坏区范围分布特征

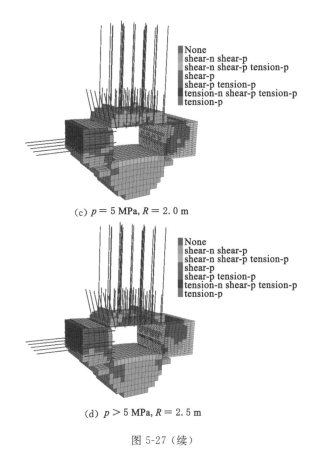

(c) $p = 5\,\text{MPa}, R = 2.0\,\text{m}$

(d) $p > 5\,\text{MPa}, R = 2.5\,\text{m}$

图 5-27（续）

5.2.2.2　注浆间距的优化确定

本部分共建立 4 个数值计算模型,分别模拟了注浆锚索的注浆间距为 0 m、1.40 m、1.20 m、0.84 m 时沿空留巷围岩的变形特征,建立的不同注浆锚索注浆间距(注浆锚索支护密度)模拟方案如图 5-28 所示,相应的注浆锚索密度分别为 1 根/排、2 根/排、3 根/排、4 根/排,3203 运输巷留巷围岩变形特征模拟结果如图 5-29～图 5-32 所示,巷道围岩变形量如表 5-4 所示。

从模拟计算结果可得,顶板注浆锚索间距(注浆锚索密度)对留巷顶板下沉量影响最大,其次是两帮移近量,对底板变形影响最小。

当注浆锚索密度由 1 根/排增加到 2 根/排时,两帮移近量逐渐减小,降低了14.33%,同时顶板下沉量也减小了 18.38%;当注浆锚索密度由 2 根/排增加到3 根/排时,两帮移近量减小了 11.35%,同时顶板下沉量减小达 26.58%。由此可见,当注浆锚索密度由 1 根/排增加到 3 根/排时,注浆锚索对顶板下沉量和两

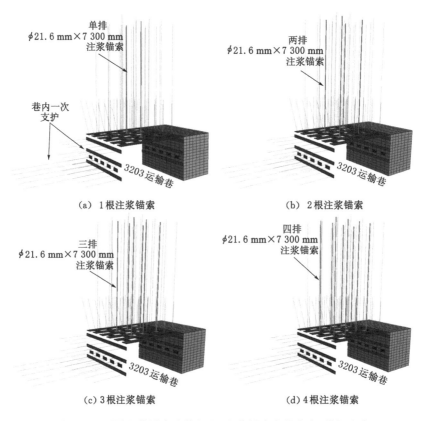

图 5-28　不同注浆锚索注浆间距(注浆锚索支护密度)模拟方案

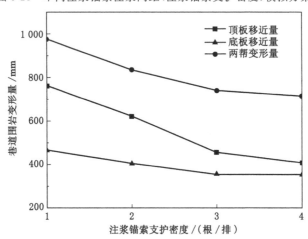

图 5-29　注浆锚索注浆间距(注浆锚索支护密度)

与 3203 运输巷留巷围岩变形量间的关系

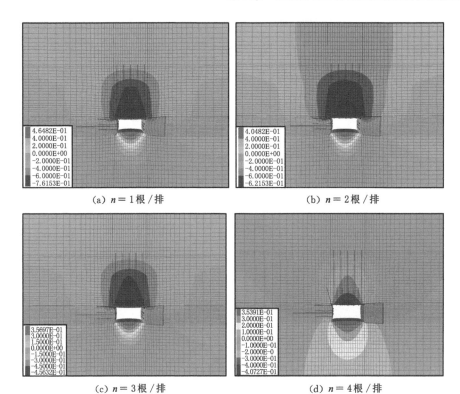

(a) $n = 1$ 根 / 排　　　　　(b) $n = 2$ 根 / 排

(c) $n = 3$ 根 / 排　　　　　(d) $n = 4$ 根 / 排

图 5-30　不同注浆锚索间距时(注浆密度)

3203 运输巷留巷围岩垂直位移变化特征

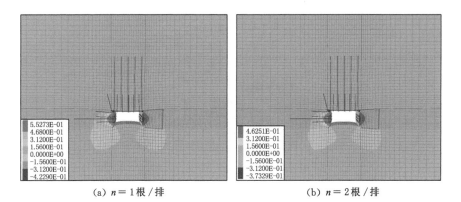

(a) $n = 1$ 根 / 排　　　　　(b) $n = 2$ 根 / 排

图 5-31　不同注浆锚索间距时(注浆密度)

3203 运输巷留巷围岩垂直位移变化特征

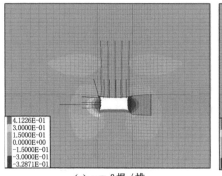 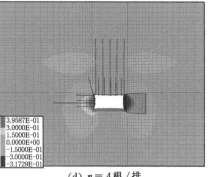

（c）$n = 3$ 根／排　　　　　　　（d）$n = 4$ 根／排

图 5-31（续）

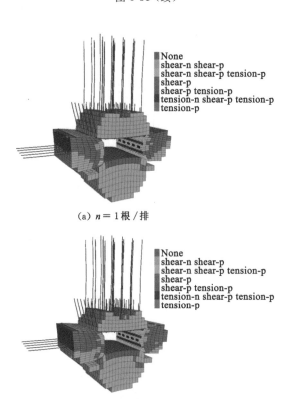

（a）$n = 1$ 根／排

（b）$n = 2$ 根／排

图 5-32　不同注浆锚索间距时（注浆密度）
3203 运输巷留巷围岩塑性破坏区范围变化特征

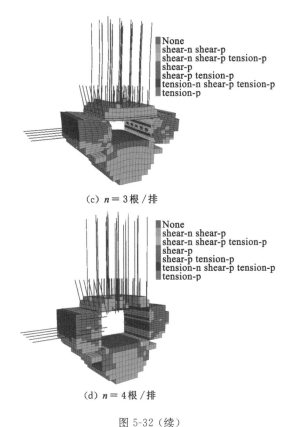

（c）$n = 3$ 根 / 排

（d）$n = 4$ 根 / 排

图 5-32（续）

表 5-4　不同注浆锚索支护密度时 3203 运输巷留巷围岩变形量

支护密度 /（根/排）	两帮移近量 /mm	两帮移近量 比值/%	底鼓量 /mm	底鼓量比值 /%	顶板下沉量 /mm	顶板下沉量 比值/%
1	975.63	100.00	464.82	100.00	761.53	100.00
2	835.80	85.67	404.82	87.09	621.53	81.62
3	740.97	75.95	356.97	76.80	456.32	59.92
4	713.16	73.10	353.91	76.14	407.27	53.48

帮移近量控制效果显著。当注浆锚索密度由 3 根/排增加到 4 根/排时，顶板下沉量减小了 10.74%，两帮移近量仅减小了 3.75%。由此可见，当注浆锚索密度由 3 根/排增加到 4 根/排时，注浆锚索对留巷顶板和两帮的控制效果并不明显。另外，从不同注浆锚索密度时 3203 运输巷留巷围岩塑性区分布特征可得：随着

注浆锚索密度的增加,顶板塑性破坏区范围也逐渐减小,当注浆压力由 2 根/排增加到 3 根/排时,顶板塑性破坏区范围降低幅度最显著,这有利于留巷顶板的稳定;而当注浆压力由 3 根/排增加到 4 根/排时,顶板塑性破坏区范围并不明显。综上所述,注浆锚索密度确定为 3 根/排,对应的注浆锚索间距为 1.2 m。

5.2.2.3 注浆锚索长度的优化确定

注浆锚索对顶板的控制主要是在顶板注浆和锚固,形成全长锚固作用效果,因此注浆锚索中锚索的长度不同,在顶板全长锚固范围以及预应力支护过程中产生的压应力范围也不同,从而围岩的变形也不同。本部分共建立 4 个计算模型,分别是注浆锚索长度为 5.3 m、6.3 m、7.3 m、8.3 m 时的模拟方案,如图 5-33 所示。3203 运输巷留巷围岩变形特征模拟结果如图 5-34～图 5-37 所示,巷道围岩变形量如表 5-5 所示。

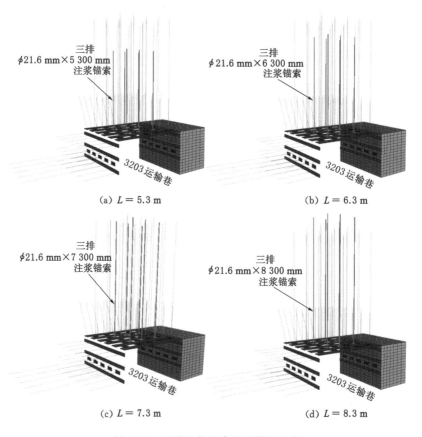

图 5-33 不同注浆锚索长度模拟方案

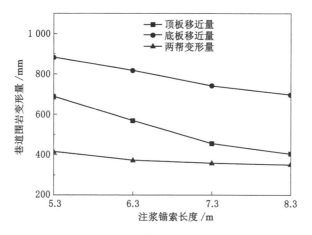

图 5-34　注浆锚索长度与 3203 运输巷留巷围岩变形量之间的关系

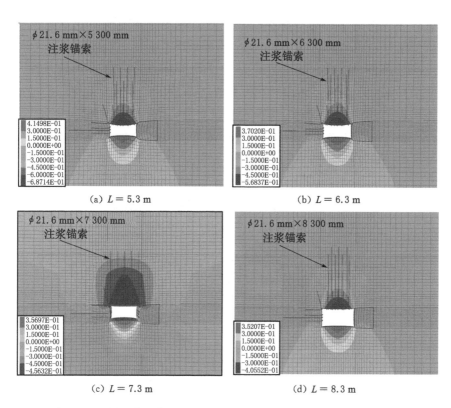

图 5-35　不同注浆锚索长度时 3203 运输巷留巷围岩垂直位移变化特征

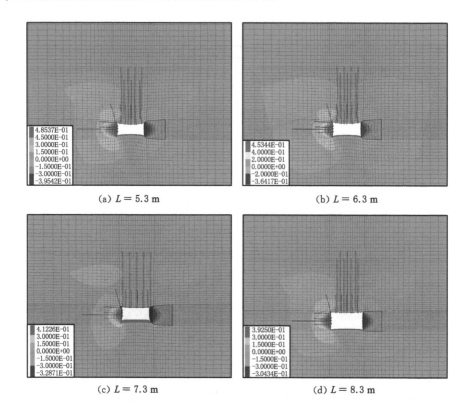

(a) $L = 5.3$ m   (b) $L = 6.3$ m

(c) $L = 7.3$ m   (d) $L = 8.3$ m

图 5-36　不同注浆锚索长度时 3203 运输巷留巷围岩水平位移变化特征

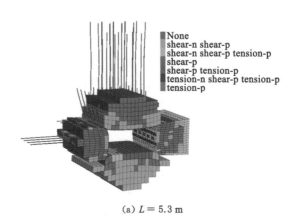

(a) $L = 5.3$ m

图 5-37　不同注浆锚索长度时 3203 运输巷留巷
围岩塑性破坏区范围变化特征

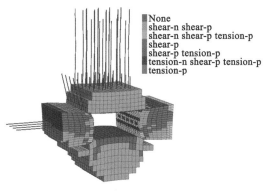

(b) $L = 6.3$ m

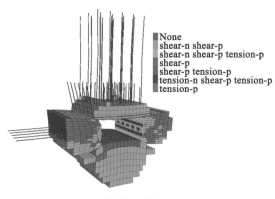

(c) $L = 7.3$ m

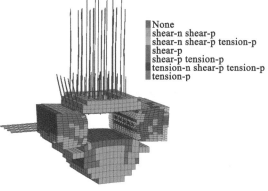

(d) $L = 8.3$ m

图 5-37（续）

表 5-5　不同注浆锚索长度时 3203 运输巷留巷围岩变形量

长度 /m	两帮移近量 /mm	两帮移近量 比值/%	底鼓量 /mm	底鼓量比值 /%	顶板下沉量 /mm	顶板下沉量 比值/%
5.3	880.79	100.00	414.98	100.00	687.14	100.00
6.3	817.61	92.83	370.20	89.21	568.37	82.72
7.3	740.97	84.13	356.97	86.02	456.32	66.41
8.3	696.84	79.12	352.07	84.84	405.52	59.02

通过对比不同注浆锚索长度时沿空留巷围岩变形特征,可得:注浆锚索长度对留巷顶板和两帮影响较显著,而不同锚索长度时,巷道底鼓量基本相同,锚索长度对底鼓影响较小。注浆锚索长度为 5.3 m 和 6.3 m 时,两帮变形量和顶板下沉量均较锚索长度为 7.3 m 和 8.3 m 时大;当注浆锚索长度由 5.3 m 变到 6.3 m 时,两帮移近量逐渐减小,约减小了 7.17%,同时顶板下沉量减小了 17.28%。由此可得,当注浆锚索长度由 5.3 m 变到 6.3 m 时,注浆锚索能较好地控制顶板下沉量。而对两帮移近量影响相对较小。而当注浆锚索由 6.3 m 变化到 7.3 m 时,两帮移近量和顶板下沉量均呈现下降,顶板下沉量减小了 19.71%,两帮移近量减小了 9.37%;当注浆锚索由 7.3 m 变化到 8.3 m 时,顶板下沉减小了 11.13%,两帮移近量减小了 5.95%。由此可见,当注浆锚索长度增加到 7.3 m 后,随着注浆锚索长度的增加,对于顶板和两帮的控制效果影响相对较小,而注浆锚索长度增加也会增大支护成本。另外,从不同注浆锚索长度时 3203 运输巷留巷围岩塑性破坏区范围变化特征也可得出:随着注浆锚索长度的增加,顶板塑性破坏区范围逐渐减小,但减小幅度差别较大。当注浆锚索长度由 5.3 m 增加到 7.3 m 时,顶板塑性破坏区范围降低幅度较显著,这有利于保障留巷顶板的稳定;而当注浆锚索长度由 7.3 m 增加到 8.3 m 时,顶板塑性破坏区范围并不明显。结合不同注浆锚索支护效果及其支护成本,确定注浆锚索长度为 7.3 m。

5.3　沿空留巷围岩稳定控制效果

综合以上参数优化的结果,提出中兴煤业深部近距离煤层群下层沿空留巷切顶锚注技术关键参数为:水力致裂切顶方位角斜向采空区 27°,水力致裂切顶长度为 30 m,注浆锚索注浆压力为 5 MPa,注浆锚索间距为 1.2 m(注浆锚索密度为 3 根/排），注浆锚索长度为 7.3 m。为了分析评估优化参数后切顶锚注一体化对深部近距离煤层群下分层沿空留巷围岩控制效果，此处选择两个典型开采阶段（3203 工作面和 3205 工作面）后模拟计算结果，主要说明留巷后以及多次开采影响后留巷围岩的控制效果，模拟结果图如 5-38～图 5-41 所示。

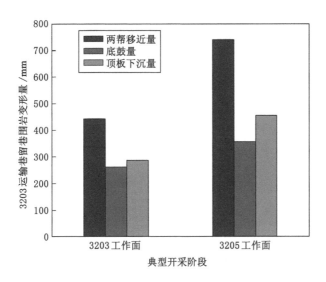

图 5-38　优化参数后典型开采阶段
3203 运输巷留巷围岩变形量

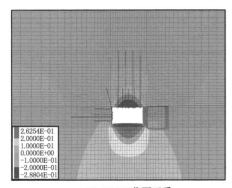

（a）3203 工作面开采

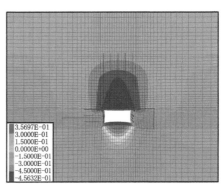

（b）3205 工作面开采

图 5-39　典型开采阶段 3203 运输巷
留巷围岩垂直位移变化特征

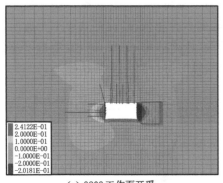 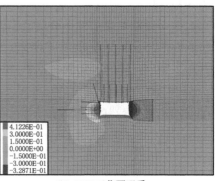

（a）3203工作面开采   （b）3205工作面开采

图 5-40　切顶锚注一体化典型开采阶段 3203 运输巷留巷围岩水平位移变化特征

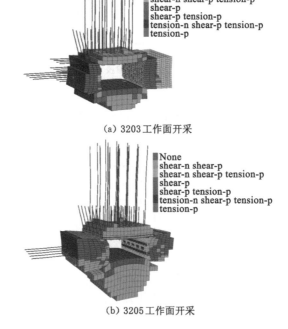

（a）3203工作面开采

（b）3205工作面开采

图 5-41　切顶锚注一体化典型开采阶段
3203 运输巷留巷围岩塑性破坏区范围变化特征

由模拟结果可得：3203 工作面开采留巷后，3203 运输巷留巷围岩顶板最大下沉量为 288.04 mm，两帮移近量为 443.03 mm，底鼓量为 262.54 mm；在 3203

工作面,30205 工作面开采后,随 3205 工作面开采,3203 运输巷留巷顶板的最大下沉量为 456.32 mm,两帮移近量为 740.97 mm,底鼓量为 356.97 mm,巷道围岩整体变形较小。另外,在 3203 工作面开采后以及 3205 工作面开采时留巷围岩顶板塑性破坏区范围小,帮底塑性破坏区范围相对较小。

选择 3205 工作面开采过程 3203 运输巷留巷围岩,通过将切顶注浆一体化与无切顶和注浆锚索、采用单一水力致裂切顶三种方式的效果进行综合比较,如图 5-42 所示,可得:

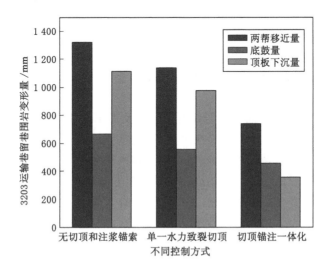

图 5-42　不同控制方式下随工作面多次开采后 3203 运巷留巷围岩变形量

顶板变形量方面,切顶注浆锚索一体化控制方式下 3203 运输巷留巷围岩顶板变形量较无水力致裂切顶和注浆锚索控制方式下降了 67.97%,较单一水力致裂切顶控制方式下降了 63.5%;两帮移近量方面,采用切顶注浆锚索一体化控制方式较无水力致裂切顶和注浆锚索控制方式下降了 43.99%,较单一水力致裂切顶控制方式下降了 35.1%;底鼓量方面,采用切顶注浆锚索一体化控制方式较无水力致裂切顶和注浆锚索控制方式下降了 31.6%,较单一水力致裂切顶控制方式下降了 18.18%。

第6章 典型工程实践案例

选择中兴煤业 3203 运输巷沿空留巷围岩进行工业性试验,本章主要从设计方案、施工工艺、矿压监测效果进行研究。

6.1 3203 运输巷沿空留巷控制方案

3203 运输巷沿空留巷试验研究所在巷道及工作面地质条件、运输巷支护方式以及留巷充填墙体支护方式等在第 2 章已经说明,此处不再赘述。选择 3203 运输巷 150 m 典型区域开展工业性试验,采用水力致裂切顶和注浆锚索一体化控制方案,如图 6-1(a)所示;在巷道顶板沿走向方向共布置水力致裂钻孔 19 组,相邻钻孔之间布置 5 排注浆锚索,每排注浆锚索 3 根,注浆锚索均垂直于顶板布置,如图 6-1(b)所示;单组水力致裂钻孔布置方式如图 6-1(c)所示。

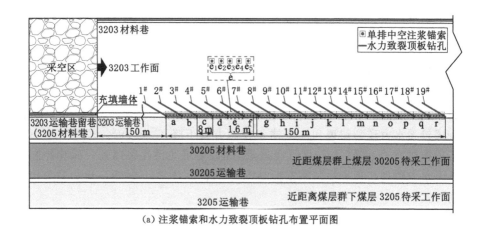

(a)注浆锚索和水力致裂顶板钻孔布置平面图

图 6-1 3203 运输巷试验区域水力致裂切顶和锚注一体化控制方案

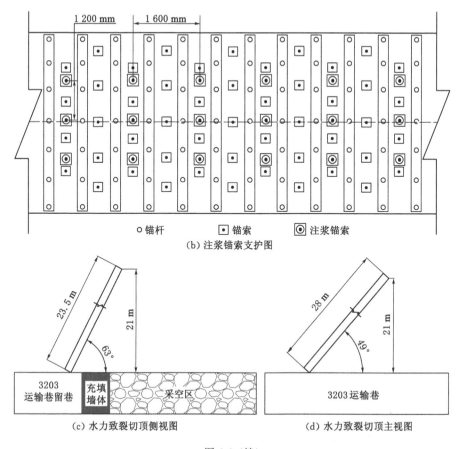

○锚杆　　　□锚索　　　◎注浆锚索

(b) 注浆锚索支护图

(c) 水力致裂切顶侧视图　　　　　　(d) 水力致裂切顶主视图

图 6-1（续）

6.1.1　注浆锚索超前支护方案及具体参数

（1）注浆锚索规格：1×8 股 φ21.6 mm×7 300 mm 中空注浆锚索，如图 6-2 所示，规格型号为 SKZ22-1/1770，中空钢绞线结构组成性能参数、尺寸及力学性能如表 6-1、表 6-2 所示，3203 运输巷试验区域中空注浆锚索尺寸及力学性能如表 6-3 所示。

表 6-1　中空钢绞线结构组成性能参数

规格型号	钢绞线公称直径/mm	外围钢丝根数	外围钢丝直径/mm	外围单根钢丝截面积/mm²	钢丝抗拉强度/MPa	钢丝最大力下总伸长率/%	注浆管直径/mm
SKZ22-1/1770	22	8	6	28.27	≥1 770	≥3.5	10

表 6-2　中空钢绞线尺寸及力学性能

规格	钢绞线直径/mm	索体长度/mm	树脂锚固段长度/mm	锚索抗拔力/kN	钢绞线最大力/kN	托盘承载力/kN	适用钻孔直径/mm	出浆口直径/mm	配套矿用锚索锁具型号
SKZ22-1/1770	22±0.5	(5 000~15 000)±50	≥1 500	≥252	≥380	≥360	32~39	26±1	KM22-1860

表 6-3　3203 运巷现场试验区域中空注浆锚索尺寸及力学性能

编号	强度级别/MPa	钢绞线直径/mm	锚索长度/mm	极限荷载/kN	极限荷载下的总应变/%
1	1 770	22.2	7 300	382	4.0
2	1 770	22.3	7 310	386	3.9
3	1 770	22.3	7 300	384	4.2

图 6-2　3203 运巷现场试验区域部分中空注浆锚索

（2）注浆锚索间排距：每排 3 根注浆锚索，注浆锚索与原巷道每排 4 根锚索协调布置，注浆锚索间排距为 1 200 mm×1 600 mm，中间注浆锚索位于正中位置，注浆锚索均垂直顶板施工。

（3）注浆锚索采用 300 mm×300 mm×16 mm 高强锰钢鼓形托盘。

（4）单排注浆锚索间采用尺寸为 4 100 mm×280 mm×3 mm 的"W"形钢带进行连接。

（5）锚固剂：采用 2 支 CK2355 树脂锚固剂进行锚固。

（6）预紧力：在注浆锚索施工过程中施加 200 kN 的预紧力。

（7）注浆压力：4~5 MPa。

（8）注浆时机：距离采煤工作面 30 m。

（9）注浆材料：采用 425[#] 普通硅酸盐水泥与水混合，最终形成水灰比为 0.8 的水泥浆液，同时在浆液里面添加 8％的 ACZ-I 添加剂。

（10）注浆时间：6～8 min。

6.1.2 水力致裂切顶控制方案及具体参数

（1）开孔位置距离巷道东侧帮 1.5 m，孔口布置呈一条直线。

（2）超前工作面距离 150 m。

（3）钻孔参数：钻孔长度为 30 m，孔间距为 8 m，仰角为 45°，偏角为 30°。

（4）压裂位置：钻孔内 17～30 m 位置，每 2 m 水力预裂一次，共压裂 7 次，采用倒退式压裂，压裂垂直距离在顶板以上 12～21 m 范围内，压裂水平距离在充填墙体靠近采空区墙边 1.0～7.1 m 范围内。

6.2 施工工艺及主要技术要求

6.2.1 注浆锚索超前支护

6.2.1.1 施工工艺

3203 运输巷超前注浆锚索施工顺序如图 6-3 所示，依次为：施工注浆锚索钻孔，注浆锚索采用树脂锚固剂锚固，安装止浆塞，安装注浆锚索托盘及锁具并施加预紧力，锚索滞后注浆。

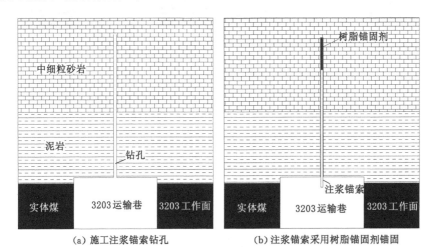

图 6-3 3203 运输巷超前注浆锚索施工顺序示意图

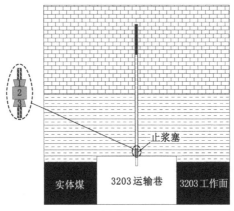

(c) 安装止浆塞

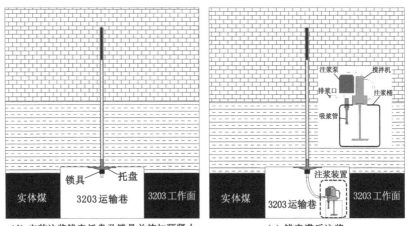

(d) 安装注浆锚索托盘及锁具并施加预紧力　　　(e) 锚索滞后注浆

图 6-3（续）

（1）准备好施工工具和材料：使用 MQT-120 风动锚杆机钻眼，钻杆为 B19 六棱中空钎杆，长度为 800 mm，钻头为 φ32 mm 的双翼式合金刚钻头钻孔。

（2）观察顶板，及时挑落施工地点附近的危岩悬矸。

（3）锚眼的位置要准确，锚眼深度与锚索长度相匹配。眼位误差不超过 50 mm。

（4）支护操作工须掌握以下内容：

① 锚索的施工参数等有关技术规定。

② 钻眼机具的结构、性能和使用方法。

6.2.1.2 安装锚索技术要求

（1）准备工作

① 备齐打眼、安装所用的工具并检查其完好性，有问题及时处理。

② 备齐安装所需的树脂锚固剂、锚索及托盘。

③ 敲帮问顶，及时挑落安装地点的危岩悬矸。

④ 备齐注浆所用的水泥、添加剂、管路等。

（2）锚索眼施工

① 严格按照设计的锚索间排距布置眼位，准确掌握锚索眼的方向及眼深。

② 量测眼深、方向，不合格的重新补打。

（3）安装

① 安装工具为锚杆钻机、张拉千斤顶、专用搅拌器。

② 检查锚固剂是否合格，锚索两端头截割得是否合格，不合格的均不能使用。

③ 将合格的锚索两端擦拭干净。

④ 先将规定规格及数量的树脂锚固剂缓缓推至眼底，在锚索下端距端头 1 m 范围用 1 个编织袋包裹，装上 1 个锥形橡胶止浆塞（锥头向下），然后锚索下端连接上专用搅拌器后插在锚杆钻机的输出轴上。

⑤ 搅拌：开始阶段钻机马达转速和气腿的推进速度稍慢一些，以减少锚索的摆动幅度，必要时应由 1～2 人扶住锚杆机的机头。待锚索全部进入眼孔后，采用全速旋转搅拌 15～20 s，凝固时间不小于 15 min。

⑥ 停止搅拌，收缩锚杆钻机气腿移开打下一个钻孔，依次装上筒形橡胶止浆塞和锥形橡胶止浆塞（锥头向上）与托盘，其中使用钢尺量取孔口至最下方注浆锚索止浆塞箱位置，截取硬止浆管长度（孔口至软止注浆管），再使用硬止浆管顶推软止浆管，后安装托盘及索具。

⑦ 待锚索树脂锚固剂凝固后进行张拉工作。装上托盘、索具，并将其托至紧贴顶板的位置，把张拉油缸套在锚索上，使张拉油缸和锚索同轴，张拉油缸初步锁紧锚索后，挂好张拉油缸安全链，人员撤开，张拉油缸下方及四周 3 m 范围内不得有人。

⑧ 开泵进行张拉，并注意观察压力表读数。达到设计预紧力或油缸行程结束时，迅速换向回程。收缩千斤顶时，要设专人用人力托住千斤顶，待压力放尽后，再慢慢取下千斤顶，防止千斤顶坠落伤人或损坏千斤顶。

⑨ 解开安全链，卸下张拉油缸。

（4）主要技术要求

根据顶板岩性及顶板离层观测情况选择注浆时间。注浆锚索在锚固

30 min 后进行张紧,锚索的张紧力控制在 200 kN。外露长度控制在 150～250 mm。锚索钻孔轴线与设计的轴线的偏差角不应大于 2°;同侧的锚索间距误差为 L±50 mm;锚索安装 24 h 后,如发现预紧力下降,必须及时补打锚索。锚索搅拌树脂药卷过程中不能停顿,要一次搅拌完毕,绝对不能重复搅拌。张拉时发现锚固不合格的锚索,必须在其附近补打合格的锚索。

6.2.1.3 锚索注浆

（1）设备安装

① 注浆设备安装在注浆锚索 10 m 范围以内。

② 将注浆泵和搅拌器装配起来,用标准"U"形卡连接风、水管路和注浆器,油壶内加满油。

（2）配料

注浆液采用 425# 标号的普通硅酸盐水泥,锚索注浆液水灰比为 1:2,浆液中添加添加剂,掺量为水泥质量的 8%。

（3）注浆

① 注浆前,首先用水和钢丝刷将注浆泵、搅拌桶、连接管路冲刷干净,并向搅拌桶内加入少量水,慢慢开风,对搅拌器和注浆泵进行试运转。

② 配料时先加入清水,然后边搅拌边缓慢加入水泥,水泥不宜加入过快以防卡住搅拌器。水泥浆搅拌到一定的黏稠程度,加入添加剂快速搅拌,当浆液变稀薄时搅拌器减速进行缓慢搅拌,开始注浆。若水泥内有硬颗粒时,必须提前使用细筛子筛过后加入搅拌桶,确保注浆时不堵塞注浆管路。

③ 注浆时,先卸下锚索尾部的丝堵,将注浆器连接到锚索尾部的内螺纹上,慢慢扭紧注浆器,然后用注浆管路将注浆器与注浆泵进行连接。

④ 注浆器及注浆管路完好、连接可靠后方可开始注浆;浆液通过锚索中孔注入顶板;注浆时要缓慢打开注浆泵的供风阀进行注浆,开始时注浆速度宜慢,并边慢速搅拌边注浆。注浆过程中,注浆泵正常匀速工作时,可将注浆泵调到高速运转并注浆。当发现注浆泵发出沉闷声音、压力表读数明显加大且注浆泵显示注不进浆液时,先关闭注浆泵,等待 2～3 min 再次注浆,直至再次注满。最后先关闭注浆泵,再关闭中孔锚注锚索尾部的截止阀,然后打开管路卸压阀对管路进行卸压。重复以上操作程序继续进行下一根注浆锚索注浆。注浆过程中,当发现局部顶帮漏浆时,及时停止注浆,并采用水泥进行封堵。注浆压力控制在 4～5 MPa。

⑤ 注浆后待浆液初凝,方可开启注浆泵上的截止球阀,然后卸下锚索尾部的注浆器,将锚索尾部的丝堵拧紧上牢。

⑥ 注浆期间,施工人员密切配合,安排专人观察顶板变化情况及注浆全过

程,发现问题及时处理。

⑦ 注浆设备试运转及搅拌器、注浆泵运行期间,施工人员严禁将手和身体任何部位探入拌料桶内,防止造成伤人事故。

⑧ 注浆时,锚索下方和两侧 45°内严禁站人,以免发生意外。

(4)清洗设备

① 注浆结束后,用清水和钢丝刷将搅拌桶内冲刷干净。

② 向桶内加入清水,开动注浆泵,将泵内残留浆液冲洗干净。

③ 关闭风源,以免误操作使设备空载运行。

④ 本班注浆工作结束后,应将注浆泵注浆管卸下,冲洗干净并抹上油,再重新装好或用管头专用塑料盖包裹好,防止将管路堵塞。

6.2.2 水力致裂切顶

6.2.2.1 压裂组成

顶板水力压裂包括封孔、高压水压裂、保压注水、压裂监测等主要工序。该压裂系统主要由静压水进水管路、高压水泵、注水管、蓄存压裂介质水和油的储能器、手动泵、高压注水胶管、高压封孔器、压力流量监测仪等部分组成。现场试验区域水力致裂切顶部分装置如图 6-4 所示。

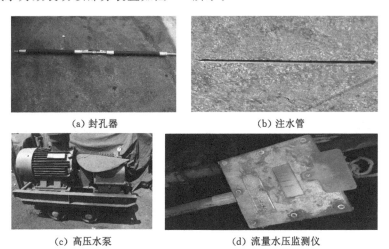

(a)封孔器   (b)注水管

(c)高压水泵   (d)流量水压监测仪

图 6-4 现场试验区域水力致裂切顶部分装置

(1)封孔器

由中心管和封隔器胶筒组成水路通道。中心管注入高压水,通向压裂段,通过水的高压压裂岩孔;而封隔器与中心管形成的空间,存储高压水用以密封压裂段。通过连杆将两支封隔器相连,岩孔压裂段处于两支封隔器之间。试验时,先要用手动泵通过高压胶管给封隔器胶筒与中心管间隙加压,密封岩孔压裂段,不使压裂段高压水外泄。封隔器连杆拉住两只封隔器,保持封隔器平衡,使封隔器与岩孔没有相对位移。

（2）注水管

注水管连接处用"O"形圈密封,螺纹扣连接,长度为 1.5 m。注水管作用主要有两个:① 作为连接构件将连接好的封隔系统送至钻孔的预定位置;② 作为加压通道对封隔的钻孔段进行压裂。

（3）高压水泵

高压水泵的作用是给压裂段加压。其参数为:额定压力为 60 MPa,功率为 90 kW,电压为 660 V。高压水泵由专业操作员操作。

预裂缝起裂后水压会有所下降,继而进入保压阶段,在这个阶段,裂纹扩展的同时伴随着新裂纹的产生,利用流量计监测流量及注入的水量,保证顶板岩层充分弱化和软化。压裂过程中观测压裂孔周围顶板出水情况,压裂时间不少于30 min。

6.2.2.2 压裂工艺

3203 运输巷水力致裂切顶施工顺序如图 6-5 所示。

（1）采用横向切槽的特殊钻头预制横向切槽,如图 6-5(a)所示。

（2）利用手动泵为封隔器加压使胶筒膨胀,达到封孔目的,如图 6-5(b)所示。

（3）连接高压泵实施压裂,如图 6-5(c)所示。

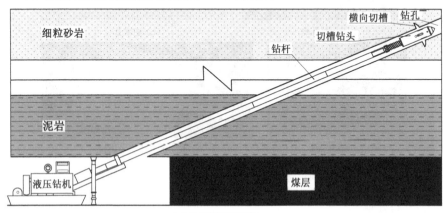

（a）预制横向切槽

图 6-5　3203 运输巷水力致裂切顶施工顺序示意图

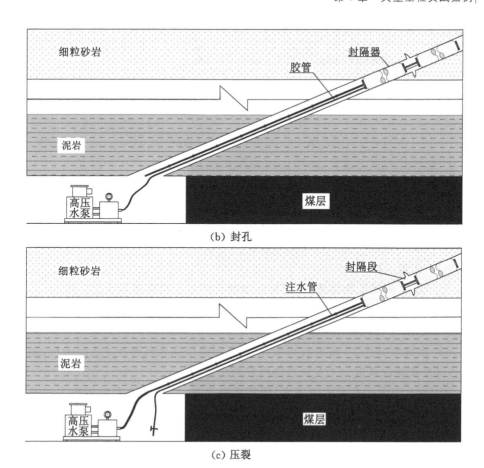

（b）封孔

（c）压裂

图 6-5（续）

封孔工艺流程如图 6-6 所示，封孔压力为 12～16 MPa，按照下图连接管路，保证连接处密封完好，试压达到要求后投入使用。试压时加压到 2～5 MPa 检查密封情况。

图 6-6　封孔工艺流程图

加压压裂工艺流程如图 6-7 所示，压裂时间根据泵压确定，泵压稳定后停止压裂。

图 6-7　加压压裂工艺流程图

6.2.2.3　施工工序

（1）整体工序

进入工作面进行瓦斯浓度检查→施工前保护原有管路、缆线→钻孔布置→钻孔→窥视→封孔→压裂→竣工验收。

（2）压裂工序

① 安装、调试工作结束后，连接注水钢管将封孔器推送至预定位置。

② 手动泵加压封孔器，待压力达到 12～16 MPa 后停止加压，观察钻孔并监测压力表，确保封孔器正常工作。

③ 距离压裂孔 20 m 处拉警戒，试验期间除作业人员外禁止人员通行，操作人员以及作业设备应位于支护条件良好的位置。

④ 给高压水泵先通水再通电，然后慢慢加压，同时记录水泵压力表以及手动泵压力表数据，继续加压直至预裂缝开裂。

⑤ 完成单孔多次压裂作业。

6.2.2.4　钻孔与压裂施工安全措施

（1）启动钻机前，操作人员应通知所有人员注意安全，仔细检查电路电缆，检验漏电保护装置状态，检查钻机锚固是否牢固，只有在确认人员和设备都安全后，方可启动钻机运转。

（2）钻机在钻孔过程中，动力头严禁反转，只有在加接或拆卸钻杆时，夹持器夹住钻杆后才可反转。

（3）观察钻机在钻进过程中的运动状态，若发现有异常声响、动力头振动过大、机架有摆动、立柱框架有晃动，应停机检查并加以处理。

（4）各操作手把应按规定的标识和规定的程序操作。操作多路换向阀时不能过快，以免造成液压冲击，损坏机件。

（5）观察油箱的油位，当油位下降到标定位以下时，应停机加油。

（6）施工压裂眼过程中，要设专人监护顶板，发现异常立即停止作业。

（7）钻孔钻进和压裂过程中突然遇到含水层，应采取以下安全措施：

① 当钻孔涌水量及压力骤然增大时,不要退出钻杆,待压力逐步缓解后再退出钻杆。

② 为了避免在钻孔施工过程中出现卡钻现象,应严格按照"先送水后开钻,先停钻后关水"的程序操作。

③ 在钻孔钻进过程中钻机操作司机应始终处于操作位置,严禁在钻孔施工过程中钻机司机离开操作位置。

④ 在每次打超前探测孔之前,应对钻机进行检修和维护,发现故障及时排除。

⑤ 钻孔工作每班不少于二人,一名钻机操作司机,一人协助安装和拆卸钻杆。

⑥ 打钻过程中要认真观察涌水量变化情况,并做好记录,发现涌水异常、水量较大时及时采取有效排水措施,并及时上报调度指挥中心。

⑦ 在钻机钻进和压裂过程中,密切关注钻机钻进速度,如遇钻进速度陡然增大的情况,判断可能进入弱化带或含水层,应立即由专职人员监测钻孔水的涌出情况,如涌出异常,应立即堵住钻孔,上报生产调度指挥中心并及时撤出人员,加强通风或排水工作。

⑧ 钻孔和压裂过程中,发现钻孔中有大量赋存裂隙水流出时,立即断电并停止作业,安排专人采用封孔器封孔,其余人员立即撤离,上报生产调度指挥中心,采取防治措施。

⑨ 所有材料堆放在巷道帮,不得影响运料。

⑩ 施工时,各工序之间要严密组织,人员操作默契配合,严防意外事故发生。

⑪ 高空作业要根据高度放置高凳或搭稳脚手架,施工时人员要站稳、有专人监护,超过 1.5 m 时要系安全绳。

⑫ 当班工作结束后及时切断电源,关闭水阀门。

⑬ 钻机人员在进入打钻地点前必须检查好钻机周围的安全情况,发现安全隐患及时处理,确保安全后方可开钻。

⑭ 对因瓦斯浓度超过规定被切断电源的电气设备,必须在瓦斯浓度降到 0.8% 以下时,方可通电开动。

⑮ 钻进过程中,发现有钻头合金片脱落、钻杆弯曲或中心孔不导水时,必须及时更换钻头或钻杆。钻进中,每次延伸钻杆后,钻杆后部距离底板距离控制在 0.3~0.6 m 之间,防止钻杆滑出伤人。

⑯ 要求在钻进过程中尽量降低钻进速度,减小钻机进给力。

⑰ 压裂时,人员距离注水孔 20 m 以上,防止高压水或注水管穿出伤人。封

孔器、注水孔卸压时,卸压阀门方向不得朝向人员。

⑱ 注水压裂过程中,由于泵压较高,确保管路连接无误。

⑲ 压裂过程中,使用卡箍配合导链固定注水管,防止孔内压力使注水管冲出伤人。

(8)高压泵操作安全措施

① 高压泵由专业人员操作,压裂前调试正反转。

② 压裂过程中要仔细听运行声音,发现声音异常,必须立即停机检查,确认正常后方可使用。

③ 开启压裂前要仔细检查管路连接情况。

④ 压裂时,要不断观察泵压变化,出现异常时要及时停机,并打开回流阀卸压,确认无误后方可再次使用。

(9)设备装车、运输、卸车安全技术措施

① 设备装车必须牢固可靠、重心适中,绑捆时用木板支垫,装车严禁超长、超宽、超高。

② 设备起吊时所用滑轮、导链须安全可靠,保证其承载能力有足够的安全系数。

③ 起吊时详细检查顶板支护情况,保证起吊完好,发现问题及时处理。

④ 起吊时要平稳、缓慢进行,严禁长时间悬挂不动,起吊物下禁止站人。吊挂导链必须在可靠的平台上进行吊挂,吊挂正下方严禁有人。

⑤ 严禁用开口环或不完好的大链拴挂。吊挂导链时,要在可靠安全的地点进行吊挂,作业人员必须配合一致,导链正下方严禁有人站立、行走。

⑥ 设备在脱离的临界状态时,提醒作业现场人员,确保人员站位安全,然后作业人员站在安全地点缓慢进行作业,确保设备不大幅度摆动,作业人员做好动态互保联保工作。

⑦ 起吊范围 10 m 外巷道两端放好警戒,严禁起吊作业期间任何人通过。

⑧ 卸车过程中,缓慢进行,注意保护好帮上的管线及电缆,设专人看护作业,发现异常,及时处理。

⑨ 运输前详细检查运输路线,并设专人检查维护,运输前工作人员须撤至安全地点。

⑩ 运输巷运输期间,严格执行"行车不行人,行人不行车"规定。

⑪ 运输前,详细检查车辆完好情况,严禁使用不完好车辆运输作业,车轮必须转动灵活,连接装置可靠且符合要求。

⑫ 运输前,设专人检查装车情况,不符合装车要求不准运输。

⑬ 运输前,在运输区域两端放好警戒,信号警示系统齐全有效,确认运输区

段无人时方可运输。

6.3 现场矿压观测和效果评价

通过测试巷道顶板注浆锚索荷载、巷道围岩位移和顶板离层状况,可较全面地了解支护系统的工作状态,进而验证或修改水力致裂切顶锚注一体化参数。另外,对于深部近距离煤层群下层沿空留巷而言,其巷道跨度中部易出现顶板离层和张拉破坏冒顶事故,两帮易发生整体外移现象或垮帮事故。通过矿压监测也可以及时掌握顶板状态,针对观测结果及时提出可能发生的事故的预防措施,保障留巷的安全稳定。

6.3.1 矿压观测内容与测站安设

为了验证水力致裂切顶锚注一体化方案实施效果,需设置相应的测站,对围岩表面位移、顶板离层状况、注浆锚索载荷变化情况进行观测。观测内容、目的及手段如表 6-4 所示。

表 6-4 观测内容、目的及手段

序号	观测内容	观测目的	测试手段
1	围岩表面位移	观测巷道相对变形量,判定巷道稳定性	测杆、卷尺
2	顶板离层	观测顶板稳定状况,及时采取安全措施	离层指示仪
3	注浆锚索荷载	观测注浆锚索支护状况,评判支护效果	锚索测力计

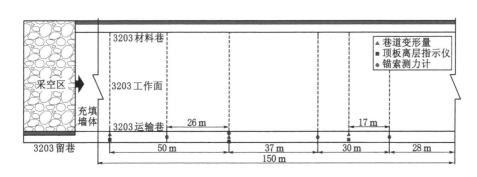

图 6-8　3203 工作面水力致裂切顶锚注一体化试验区域矿压监测布置图

6.3.1.1 巷道围岩表面位移

试验区域巷道围岩表面位移共安设 3 个测站,各测站均采用十字布点法安设表面位移监测断面。

6.3.1.2 顶板离层

试验区域共计安设 3 个顶板离层指示仪,对于 $1^{\#}$ 和 $3^{\#}$ 离层指示仪,浅部基点主要监测锚杆整体锚固范围内离层,结合煤层厚度、现有支护方案下巷道矿压特征等因素综合确定浅基点 h_1 为 2.5 m;深部基点主要监测锚杆锚固范围外顶板离层情况,此处主要研究锚索锚固点位置附近顶板离层变化特征,结合煤巷矿压显现特征及煤岩厚度等因素确定深基点 h_2 为 7.5 m;为了监测在锚杆锚固范围内以及在锚杆和锚索锚固点间岩层离层情况,以及分析顶板表面以上不同位置区域的离层特征,将 $2^{\#}$ 离层指示仪的浅部和深部基点位置分别设定为 1.5 m 和 5.5 m,如图 6-9 所示。

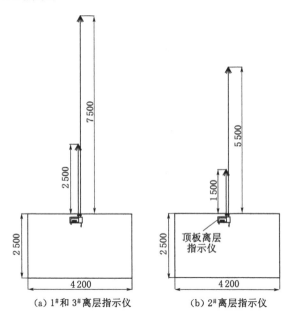

(a) $1^{\#}$ 和 $3^{\#}$ 离层指示仪   (b) $2^{\#}$ 离层指示仪

图 6-9　顶板离层指示仪深、浅基点的布置位置(单位:mm)

离层指示仪的安装方法和步骤:

(1)在顶板上扪钻孔,一般用风动锚杆钻机打孔。

(2)用安装杆将 A、B 两个基点的锚爪推到所需的深度。

(3)将传感器的固定管推入钻孔,分别拉紧两个基点的钢丝绳并将紧固螺钉固定。

(4)接通电源后,传感器处于锁定状态,对传感器设置前首先要用编程测试仪将传感器解锁。

（5）传感器解锁后,用编程测试仪将传感器进行编号、校零和设定报警值的操作,操作完成后应对传感器加锁。

（6）当启动传感器显示数据时,首先显示的是传感器编号（显示时间很短）,之后显示的是基点的位移量,当左指示灯亮时显示的数据是左面基点的位移量,当右指示灯亮时显示的数据为右面基点的位移量。

安装注意事项：

① 钢绳应事先盘好,推入锚固器时逐圈展开,以防纠缠打结。

② 推入锚固器时,安装杆不能回拉,否则锚固器双爪会从安装杆上端的槽中脱出。

③ 浅部基点锚固器一定要准确定位,为此可提前在安装杆上做好标记。

④ 安装后,两个刻度坠均应处于自由悬垂状态,不得有任何卡阻现象。

6.3.1.3 注浆锚索荷载

试验区域总计安设 4 组注浆锚索荷载监测站,每组由 3 个注浆锚索测力计组成,共计 12 个注浆锚索测力计,对工作面回采过程中巷道顶板注浆锚索的荷载进行监测。巷道顶板每组注浆锚索测力计的布置位置如图 6-10 所示。

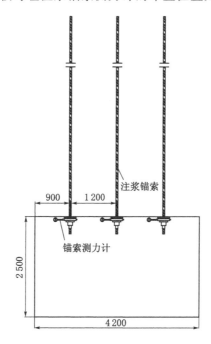

图 6-10　巷道顶板每组注浆锚索测力计的布置位置（单位：mm）

6.3.2 矿压观测方法

观测包括三部分内容,即巷道围岩表面位移监测、顶板离层监测和锚索荷载监测。

6.3.2.1 巷道围岩表面位移监测

观测方法为:如图 6-11 所示,在 C、D 之间拉紧测绳,A、B 之间用测杆和测枪或拉紧钢卷尺,测读 AO、AB 值;在 A、B 之间拉紧测绳,C、D 之间拉紧钢卷尺或用测杆和测枪,测读 CO、CD 值。测量精度要求达到 1 mm,并估计出 0.5 mm。

测量频度为:距采煤工作面 150～300 m 之内,每 3 天观测一次;在 150 m 以外,每 1～2 天观测一次。

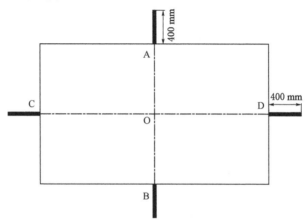

图 6-11 巷道表面位移监测断面布置

6.3.2.2 顶板离层监测

观测方法为:用矿灯照射显示窗口时,自动显示深、浅两个基点的位移量,并进行记录;在距采煤工作面 150～300 m 之内,每 1～3 天观测一次;在距采煤工作面 150 m 以外,每 1～2 天观测一次。

6.3.2.3 锚索荷载监测

观测方法为:直接读取数值并进行记录;在距采煤工作面 150～300 m 之内,每 1～3 天观测一次;在距采煤工作面 150 m 以外,每 3～5 天观测一次。

6.3.3 观测结果及分析

6.3.3.1 巷道表面位移

随着 3203 工作面回采,3203 运输巷在留巷期间位于工作面前方巷道围岩变形情况如图 6-12 所示,可以得出:

(1)巷道围岩变化过程主要分为三个阶段:稳定阶段、小幅增加阶段和快速增加阶段。其中,在监测点距采煤工作面的距离在 60 m 以外时表现为稳定阶段;在超前工作面 40～60 m 时为小幅增加阶段;在超前工作面 4～40 m 时为快速增加阶段,但巷道围岩变形速度整体较小,其中顶底板最大变形速度为 4.5 mm/d,而两帮最大变形速度为 3.5 mm/d。

(2)工作面前方巷道顶底板变形量不超过 121 mm,两帮移近量不超过 104 mm,巷道围岩整体变形量较小,说明注浆锚索对巷道围岩控制效果较明显。

(3)随工作面回采,在超前工作面 42～50 m 阶段为两帮变形量大于顶底板变形量,而在超前工作面 52～56 m 和 4～40 m 两个阶段均表现为顶底板变形量大于两帮变形量,另外从现场观测发现前者变形主要以顶板下沉为主,而后者变形主要以底鼓为主。

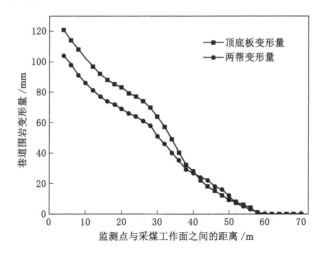

图 6-12 留巷期间工作面前方巷道围岩变形特征

留巷期间工作面后方巷道变形情况如图 6-13 所示,可得:在工作面回采后 0～30 m 范围内,巷道围岩变形相对较显著,顶底板和两帮变形量快速增加;在工作面回采后 30～60 m 范围内,顶底板和两帮变形量缓慢增加,在工作面回采 60 m 后,顶底板和两帮变形量基本保持稳定。另外,巷道顶底板变形量不超过 162 mm,两帮移近量不超过 90 mm,说明采用切顶锚注一体化方案控制后,留巷围岩变形控制效果显著。

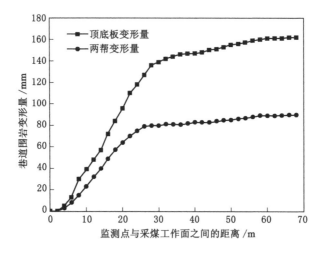

图 6-13　留巷期间工作面后方巷道围岩变形特征

6.3.3.2　顶板离层

　　现场观测发现留巷期间工作面前方巷道顶板基本无离层,而在留巷后各监测点的离层值变化整体较小,选择典型离层监测点记录的离层值进行分析,其中深部基点离层显示为 0,此处为浅部基点变化情况,如图 6-14 所示。可得:

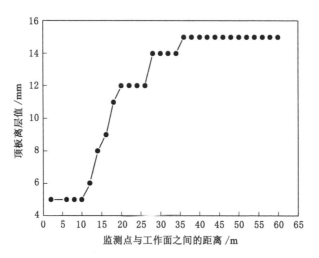

图 6-14　留巷期间工作面后方巷道顶板离层变化特征

　　(1)顶板离层大小随工作面回采呈现台阶式变化过程。

　　(2)在滞后工作面 20 m 范围内顶板离层变化较显著,在滞后工作面 36 m

后顶板离层则保持不变。

（3）在监测的滞后工作面 60 m 范围内留巷顶板离层最大值为 15 mm，说明切顶锚注一体化技术有效控制了留巷顶板的变形，效果良好。

6.3.3.3　顶板注浆锚索荷载

选择留巷期间工作面前方和后方两组典型锚索测力计监测结果（3-3# 和 4-2# 锚索测力计）进行分析，如图 6-15 所示，可得：

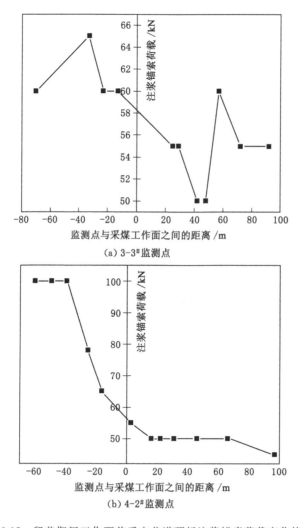

（a）3-3#监测点

（b）4-2#监测点

图 6-15　留巷期间工作面前后方巷道顶板注浆锚索荷载变化特征

（1）巷道顶板注浆锚索荷载值整体偏小，变化范围为 45～100 kN，远低于注浆锚索的破断值。

（2）留巷后注浆锚索荷载最大值总体大于留巷期间工作面前方顶板注浆锚索荷载值，如 $2^{\#}$ 监测点留巷后和留巷前荷载最大值分别为 100 kN 和 50 kN；

（3）注浆锚索荷载在工作面回采后 40 m 范围内变化较大，而在 40 m 以外荷载值保持稳定或降低，说明巷道在 40 m 外基本保持稳定。由上述注浆锚索荷载分析结果可得，注浆锚索支护稳定，说明采用切顶卸压和顶板采用锚索注浆联合控制后，留巷顶板的应力相对较小，且整体较均匀稳定。

6.3.3.4 沿空留巷控制效果总体变形分析

通过总结中兴煤业 3205 工作面沿空留巷水力致裂切顶锚注一体化试验区域矿压监测数据，可以得到沿空留巷总体变形特征为：

（1）在留巷前后，巷道围岩变形量总体较小，符合留巷使用要求。

（2）留巷后顶板离层、注浆锚索荷载整体较小，说明留巷顶板应力整体较均匀稳定，留巷顶板变形控制效果良好。

从总体来说，沿空留巷试验区域达到了预期的效果，留巷期间井下留巷效果实拍图如图 6-16 所示。

（a）整体   （b）充填墙侧

图 6-16 留巷效果实拍图

参 考 文 献

[1] 蔡洪林,尹贤坤,汤朝均,等.切顶卸压沿空留巷无煤柱开采技术研究与应用[J].矿业安全与环保,2012,39(5):15-18.

[2] 曹树刚,邹德均,白燕杰,等."三软"薄煤层群沿空留巷区段上行式开采研究[J].采矿与安全工程学报,2012,29(3):322-327.

[3] 陈俊智.水力致裂与注浆锚索联合控制技术对沿空留巷围岩稳定性作用特征与工程应用[D].徐州:中国矿业大学,2020.

[4] 陈上元,赵菲,王洪建,等.深部切顶沿空成巷关键参数研究及工程应用[J].岩土力学,2019,40(1):332-342,350.

[5] 陈勇,郝胜鹏,陈延涛,等.带有导向孔的浅孔爆破在留巷切顶卸压中的应用研究[J].采矿与安全工程学报,2015,32(2):253-259.

[6] 程蓬.特厚煤层动压巷道水力致裂卸压护巷技术研究[J].煤炭科学技术,2019,47(11):50-55.

[7] 程桃,李玲.下保护层开采覆岩裂隙演化规律模拟试验[J].世界科技研究与发展,2016,38(1):54-58.

[8] 程详,赵光明.远程下保护层开采煤岩卸压效应研究[J].煤炭科学技术,2011,39(9):41-45.

[9] 程志恒,齐庆新,李宏艳,等.近距离煤层群叠加开采采动应力-裂隙动态演化特征实验研究[J].煤炭学报,2016,41(2):367-375.

[10] 代生福.强动压巷道大变形顶板弱化围岩控制技术[J].煤矿安全,2017,48(11):92-95.

[11] 邓广哲,郑锐,徐东.大采高综采端头悬顶水力切顶控制机理[J].西安科技大学学报,2019,39(2):224-233.

[12] 邓雪杰,董超伟,袁宗萱,等.深部充填沿空留巷巷旁支护体变形特征研究[J].采矿与安全工程学报,2020,37(1):62-72.

[13] 丁国利.破碎顶板条件下回采巷道围岩破坏机理及锚注支护技术研究[D].太原:太原理工大学,2014.

[14] 范德源,刘学生,谭云亮,等.深井中等稳定顶板沿空留巷锚注切顶支护技

　　术研究[J].煤炭科学技术,2019,47(5):107-112.

[15] 冯国瑞,任玉琦,王朋飞,等.厚煤层综放沿空留巷巷旁充填体应力分布及变形特征研究[J].采矿与安全工程学报,2019,36(6):1109-1119.

[16] 高保彬,刘云鹏,袁东升.下保护层开采上覆煤岩卸压增透机理研究与应用[J].煤炭科学技术,2013,41(7):67-70.

[17] 高厚,陈卫忠,邢天海,等.采动影响下水力致裂前后煤层顶板应力变化规律[J].安全与环境学报,2020,20(2):554-559.

[18] 郭书全.柠条塔煤矿综采工作面主回撤通道水力压裂卸压技术应用研究[D].西安:西安科技大学,2018.

[19] 何康.中兴矿深部近距离煤层下层沿空留巷围岩变形特征及控制技术[D].徐州:中国矿业大学,2021.

[20] 何满潮,陈上元,郭志飚,等.切顶卸压沿空留巷围岩结构控制及其工程应用[J].中国矿业大学学报,2017,46(5):959-969.

[21] 何满潮,马资敏,郭志飚,等.深部中厚煤层切顶留巷关键技术参数研究[J].中国矿业大学学报,2018,47(3):468-477.

[22] 黄炳香.煤岩体水力致裂弱化的理论与应用研究[D].徐州:中国矿业大学,2009.

[23] 黄艳利,张吉雄,张强,等.综合机械化固体充填采煤原位沿空留巷技术[J].煤炭学报,2011,36(10):1624-1628.

[24] 焦振华,陶广美,王浩,等.晋城矿区下保护层开采覆岩运移及裂隙演化规律研究[J].采矿与安全工程学报,2017,34(1):85-90.

[25] 阚甲广,武精科,张农,等.二次沿空留巷围岩结构稳定性与控制技术[J].采矿与安全工程学报,2018,35(5):877-884.

[26] 康红普,牛多龙,张镇,等.深部沿空留巷围岩变形特征与支护技术[J].岩石力学与工程学报,2010,29(10):1977-1987.

[27] 康红普,张晓,王东攀,等.无煤柱开采围岩控制技术及应用[J].煤炭学报,2022,47(1):16-44.

[28] 康希并,张建义.相似材料模拟中的材料配比[J].淮南矿业学院学报,1988,8(2):50-64.

[29] 李桂臣,孙辉,张农,等.中空注浆锚索周边剪应力分布规律研究[J].岩石力学与工程学报,2014,33(增刊2):3856-3864.

[30] 李桂臣,杨森,孙元田,等.复杂条件下巷道围岩控制技术研究进展[J].煤炭科学技术,2022,50(6):29-45.

[31] 李贺,尹光志,许江,等.岩石断裂力学[M].重庆:重庆大学出版社,1988.

[32] 李欢恒.漳村矿 2505 综放工作面切顶护巷技术研究[D].徐州:中国矿业大学,2019.

[33] 李建建.综放沿空留巷锚注支护应用[D].济南:山东大学,2015.

[34] 李立华.回采巷道注浆锚索式超前支护技术的应用研究[D].徐州:中国矿业大学,2020.

[35] 李树刚,索亮,林海飞,等.不同间距上保护层开采卸压效应 UDEC 数值模拟[J].辽宁工程技术大学学报(自然科学版),2014,33(3):294-297.

[36] 刘宝安.下保护层开采上覆煤岩变形与卸压瓦斯抽采研究[D].淮南:安徽理工大学,2006.

[37] 刘波,韩彦辉.FLAC 原理、实例与应用指南[M].北京:人民交通出版社,2005.

[38] 刘建伟.塔山矿大采高综放开采坚硬顶板矿压特征与控制研究[D].太原:太原理工大学,2018.

[39] 刘三钧,林柏泉,高杰,等.远距离下保护层开采上覆煤岩裂隙变形相似模拟[J].采矿与安全工程学报,2011,28(1):51-55,60.

[40] 刘书梁.坚硬顶板超前预裂爆破技术在沿空留巷中的应用[J].煤矿开采,2013,18(2):79-81.

[41] 刘帅,杨科,唐春安.深井软岩下山巷道群非对称破坏机理与控制研究[J].采矿与安全工程学报,2019,36(3):455-464.

[42] 刘文涛,王安舍,张正斌,等.中空注浆锚索在沿空留巷支护中的应用[J].煤炭工程,2011,43(6):42-44.

[43] 刘小强,张国锋.软弱破碎围岩切顶卸压沿空留巷技术[J].煤炭科学技术,2013,41(增刊 2):133-134.

[44] 刘洋.深部软岩巷道全断面锚注加固技术机理及应用研究[D].淮南:安徽理工大学,2017.

[45] 马资敏.店坪矿中厚煤层切顶成巷覆岩运动特征及矿压规律研究[D].北京:中国矿业大学(北京),2019.

[46] 潘红宇,索亮,李树刚,等.不同采高上保护层开采卸压效应的 UDEC 数值模拟研究[J].湖南科技大学学报(自然科学版),2013,28(3):6-11.

[47] 齐红霞,何康,贺相乾,等.深部近距离煤层群下层沿空留巷切顶锚注一体化控制技术[J].煤炭工程,2021,53(9):42-46.

[48] 邵伟.地铁隧道围岩稳定性分析与锚注支护研究[D].青岛:山东科技大学,2008.

[49] 石必明,刘健,高明松.上保护层开采下伏煤岩力学特性及瓦斯抽采效果

[J].煤炭科学技术,2012,40(1):42-45.

[50] 石必明,刘泽功.保护层开采上覆煤层变形特性数值模拟[J].煤炭学报,2008,33(1):17-22.

[51] 宋卫华,吕鹏飞,刘晨阳,等.近距离煤层群上保护层开采煤岩体动力学演化[J].辽宁工程技术大学学报(自然科学版),2014,33(9):1165-1171.

[52] 孙利辉,杨贤达,张海洋,等.强动压松软煤层巷道煤帮变形破坏特征及锚注加固试验研究[J].采矿与安全工程学报,2019,36(2):232-239.

[53] 孙晓明,刘鑫,梁广峰,等.薄煤层切顶卸压沿空留巷关键参数研究[J].岩石力学与工程学报,2014,33(7):1449-1456.

[54] 汤永平.软岩巷道GTMR法力学参数评估及锚注机理研究[D].长沙:中南大学,2008.

[55] 唐芙蓉,马占国,杨党委,等.厚层软岩断顶充填沿空留巷关键参数研究[J].采矿与安全工程学报,2019,36(6):1128-1136.

[56] 田富超.下保护层开采上覆煤岩位移传导效应特征研究[J].煤矿安全,2016,47(12):42-45.

[57] 涂敏,黄乃斌,刘宝安.远距离下保护层开采上覆煤岩体卸压效应研究[J].采矿与安全工程学报,2007,24(4):418-421.

[58] 涂敏.煤层气卸压开采的采动岩体力学分析与应用研究[D].徐州:中国矿业大学,2008.

[59] 万海鑫,张凯,陈冬冬,等.轿子山矿切顶卸压沿空留巷技术[J].煤矿安全,2014,45(12):85-88.

[60] 王洪涛,王琦,蒋敬平,等.深部巷道全长预应力锚注支护机理研究及应用[J].采矿与安全工程学报,2019,36(4):670-677,684.

[61] 王巨光,王刚.切顶卸压沿空留巷技术探讨[J].煤炭工程,2012,44(1):24-26.

[62] 王琦,张朋,蒋振华,等.深部高强锚注切顶自成巷方法与验证[J].煤炭学报,2021,46(2):382-397.

[63] 王维维,李凤义,兰永伟.切顶卸压沿空留巷技术研究及应用[J].黑龙江科技大学学报,2014,24(1):20-23.

[64] 魏磊.下保护层开采覆岩结构演化及卸压瓦斯抽放技术研究[D].淮南:安徽理工大学,2007.

[65] 吴拥政.回采工作面双巷布置留巷定向水力压裂卸压机理研究及应用[D].北京:煤炭科学研究总院,2018.

[66] 吴钰应,王世远,关玉顺,等.相似材料配比研究[J].阜新矿业学院学报,

1981(1):32-49.

[67] 肖雪峰,刘金广.深部复杂条件下锚索注浆支护技术应用[J].华北科技学院学报,2020,17(1):14-18.

[68] 许家林,钱鸣高.关键层运动对覆岩及地表移动影响的研究[J].煤炭学报,2000,25(2):122-126.

[69] 闫万俊.深部高应力近距离煤层群下伏被保护层开采覆岩动态演化特征[D].徐州:中国矿业大学,2019.

[70] 严红.特厚煤层巷道顶板变形机理与控制技术[D].北京:中国矿业大学(北京),2013.

[71] 杨东.下保护层开采覆岩卸压及瓦斯运移规律[J].工业安全与环保,2017,43(9):48-51.

[72] 杨贺,邱黎明,汪皓,等.远距离下保护层开采上覆煤岩层采动应力场数值模拟研究[J].工矿自动化,2017,43(6):37-41.

[73] 杨舜超.强动压影响下沿空留巷切顶锚注一体化控制原理与应用[D].徐州:中国矿业大学,2021.

[74] 姚邦华,周海峰,陈龙.重复采动下覆岩裂隙发育规律模拟研究[J].采矿与安全工程学报,2010,27(3):443-446.

[75] 姚强岭,李波,任松杰,等.中空注浆锚索在高地应力松软煤巷中的应用研究[J].采矿与安全工程学报,2011,28(2):198-203.

[76] 姚强岭,王烜辉,夏泽,等.煤矿长壁采煤主动式超前支护关键技术及应用[J].采矿与安全工程学报,2020,37(2):289-297.

[77] 于斌,刘长友,刘锦荣.大同矿区特厚煤层综放回采巷道强矿压显现机制及控制技术[J].岩石力学与工程学报,2014,33(9):1863-1872.

[78] 袁超,张建国,王卫军,等.基于塑性区分布形态的软弱破碎巷道围岩控制原理研究[J].采矿与安全工程学报,2020,37(3):451-460.

[79] 张宏伟,付兴,霍丙杰,等.低透煤层保护层开采卸压效果试验[J].安全与环境学报,2017,17(6):2134-2139.

[80] 张吉雄,姜海强,缪协兴,等.密实充填采煤沿空留巷巷旁支护体合理宽度研究[J].采矿与安全工程学报,2013,30(2):159-164.

[81] 张拥军,于广明,路世豹,等.近距离上保护层开采瓦斯运移规律数值分析[J].岩土力学,2010,31(增刊1):398-404.

[82] 张勇,张春雷,赵甫.近距离煤层群开采底板不同分区采动裂隙动态演化规律[J].煤炭学报,2015,40(4):786-792.

[83] 郑西贵,安铁梁,郭玉,等.原位煤柱沿空留巷围岩控制机理及工程应用

[J]. 采矿与安全工程学报,2018,35(6):1091-1098.

[84] 郑玉斌,秦飞龙. 水力致裂弱化坚硬顶板保护邻空巷道现场试验[J]. 煤矿安全,2019,50(5):64-66.

[85] 周泽,朱川曲,李青锋,等. 近距离下保护层矸石充填开采可行性理论分析[J]. 采矿与安全工程学报,2017,34(5):838-844.

[86] 朱珍. 切顶成巷无煤柱开采围岩结构特征及其控制[D]. 北京:中国矿业大学(北京),2019.

[87] COOK N G W. The failure of rock[J]. International journal of rock mechanics and mining sciences & geomechanics abstracts, 1965, 2 (4): 389-403.

[88] DEB D. Analysis of coal mine roof fall rate using fuzzy reasoning techniques[J]. International journal of rock mechanics and mining sciences, 2003,40(2):251-257.

[89] HAN C L,ZHANG N,RAN Z,et al. Superposed disturbance mechanism of sequential overlying strata collapse for gob-side entry retaining and corresponding control strategies[J]. Journal of Central South University, 2018,25(9):2258-2271.

[90] HOEK E,BIENIAWSKI Z T. Brittle fracture propagation in rock under compression[J]. International journal of fracture,1984,26(4):276-294.

[91] HOEK E,BROWN E T. Underground excavations in rock[M]. London: The Institution of Mining and Metallurgy,1980.

[92] HUANG B X,LIU J W,ZHANG Q. The reasonable breaking location of overhanging hard roof for directional hydraulic fracturing to control strong strata behaviors of gob-side entry[J]. International journal of rock mechanics and mining sciences,2018,103:1-11.

[93] KANG H P,LV H W,GAO F Q,et al. Understanding mechanisms of destressing mining-induced stresses using hydraulic fracturing[J]. International journal of coal geology,2018,196:19-28.

[94] KEMENY J,COOK N G W. Effective moduli,non-linear deformation and strength of a cracked elastic solid[J]. International journal of rock mechanics and mining sciences & geomechanics abstracts, 1986, 23 (2): 107-118.

[95] LI G C,SUN Y T,QI C C. Machine learning-based constitutive models for cement-grouted coal specimens under shearing[J]. International journal of

mining science and technology,2021,31(5):813-823.

[96] LIU J W,LIU C Y,YAO Q L,et al. The position of hydraulic fracturing to initiate vertical fractures in hard hanging roof for stress relief[J]. International journal of rock mechanics and mining sciences, 2020, 132:104328.

[97] SUN Y T,LI G C,ZHANG N,et al. Development of ensemble learning models to evaluate the strength of coal-grout materials[J]. International journal of mining science and technology,2021,31(2):153-162.

[98] TAN Y L,YU F H,NING J G,et al. Design and construction of entry retaining wall along a gob side under hard roof stratum[J]. International journal of rock mechanics and mining sciences,2015,77:115-121.

[99] WANG Q,HE M C,YANG J,et al. Study of a no-pillar mining technique with automatically formed gob-side entry retaining for longwall mining in coal mines[J]. International journal of rock mechanics and mining sciences,2018,110:1-8.

[100] WHITTLES D N, LOWNDES I S, KINGMAN S W. Influence of geotechnical factors on gas flow experienced in a UK longwall coal mine panel[J]. International journal of rock mechanics and mining sciences, 2006,43(3):369-387.

[101] YANG J, HE M C,CAO C. Design principles and key technologies of gob side entry retaining by roof pre-fracturing[J]. Tunnelling and underground space technology,2019,90:309-318.

[102] YIN Q,JING H W,DAI D P,et al. Cable-truss supporting system for gob-side entry driving in deep mine and its application[J]. International journal of mining science and technology,2016,26(5):885-893.

[103] YU B,GAO R,KUANG T J. Engineering study on fracturing high-level hard rock strata by ground hydraulic action[J]. Tunnelling and underground space technology,2019,86:156-164.

[104] ZHANG Z Z,BAI J B,CHEN Y,et al. An innovative approach for gob-side entry retaining in highly gassy fully-mechanized longwall top-coal caving[J]. International journal of rock mechanics and mining sciences, 2015,80:1-11.

[105] ZHA W H,SHI H,LIU S,et al. Surrounding rock control of gob-side entry driving with narrow coal pillar and roadway side sealing technolo-

gy in Yangliu Coal Mine[J]. International journal of mining science and technology,2017,27(5):819-823.